这本书的小主人是

____

我是明安，还是个小学生，我擅长利用观察力和推理能力来破案，欢迎来到侦探的世界！

学化学来破案

5 纸上魔术

陈伟民　著　米糕贵　绘

中国民族文化出版社
北　京

图书在版编目（CIP）数据

学化学来破案 . 5, 纸上魔术 / 陈伟民著 ; 米糕贵绘 . — 北京 : 中国民族文化出版社有限公司 , 2020.4
(2024.6 第 4 次印刷)
ISBN 978-7-5122-0818-6

Ⅰ . ①学… Ⅱ . ①陈… ②米… Ⅲ . ①化学 - 青少年读物 Ⅳ . ① O6-49

中国版本图书馆 CIP 数据核字 (2019) 第 280405 号

版权代理：锐拓传媒（copyright@rightol.com）
著作权合同登记号：图字 01-2020-0661

学化学来破案 5 纸上魔术
Xue Huaxue Lai Po'an 5 Zhishangmoshu

作　　者：陈伟民
插　　画：米糕贵
责任编辑：张晓萍
设　　计：姚　宇
排　　版：沈　存
责任校对：祁　明
出　　版：中国民族文化出版社
地　　址：北京市东城区和平里北街 14 号（100013）
发　　行：010-64211754 84250639
印　　刷：小森印刷（北京）有限公司
开　　本：145mm × 210mm 1/32
印　　张：24
字　　数：400 千
版　　次：2024 年 6 月第 1 版第 4 次印刷
I S B N　978 - 7 - 5122 - 0818 - 6
定　　价：128.00 元（全 5 册）

自 序

从侦探故事读科学

我常常告诉学生，科学家与侦探是同行，因为两者都追求事实的真相，这句话的另一层意义是：科学家和侦探一样都需要观察入微，推理细腻；现代的侦探更需要运用科学仪器才能分析证据。

自从日本卡通片《名侦探柯南》深受学生欢迎后，我就感受到侦探故事可以作为教导理化的媒介。后来看到一篇报道，介绍澳大利亚等地某些学校以刑事鉴定的内容作为高中文科学生的化学教材，更是大感振奋。想想也真有道理，指纹、血迹、尘土的分析，哪一样不是化学？号称神探的李昌钰博士不就是生化学的专家吗？

当时正好老友林继生老师主编台北学生刊物《青年世纪》，邀我开辟新专栏，介绍一些科学知识给青少年，于是我着手以“大家来破案”为专栏名称，每月发表一则短篇侦探故事，旨在将理化原理融入推理过程，最后并成为破案关键，希望借由故事吸引青少年阅读，进而学习到理化原理，并体会理化知识的实用性。

在人物设定上，我选定以高中女生为主角。因为一般的刻板印象总认为男生在科学的学习上比较占优势，但依我的教学经验，经常有十分优秀的女学生，其学习能力远超过一般男生，所以我希望借由人物的设定打破性别上的刻板印象。选定

高中生为主角，则是因为某些原理必须要高中生才易理解，但为避免太过艰深，主角的弟弟设定为小学生，凭着细微的观察力，小学生也能对破案提供协助。

为了撰写本专栏，我阅读了大量相关的书籍，包含侦探、警察及法医的处理程序，以及鉴识科学与法医的相关论文。后来在观看电视剧《CSI 犯罪现场》时，遇有不懂的专业名词，也随手记下，再上网找参考数据。

当然，最后呈现出来的内容，不可能是硬邦邦的专业知识，只能选择青少年能懂的部分，编入故事中，本书不同于一般的侦探故事，而是运用理化知识破案的故事。

《大家来破案》专栏推出后不久，我又与报纸合作连载，并将结局隐去，由读者将推理结果传真至报社，再从答对的读者中抽签选出数名，赠送小礼物。据报社记者告知，每当该专栏推出之日，报社传真机的纸筒常被耗尽，不得不更换新的传真纸，真正达到大家来破案的境界。期间并常有热情读者来函，讨论案情，来函读者的身份包含法律专家、兽医等，可见读者群不止青少年，使笔者甚感欣慰。

结束与报纸的合作关系后，本专栏即告终止。但人的

头脑一旦打开，就不容易关上，期间我偶有点子，就记在电脑档案里。后来，《幼狮少年》主编吴金兰小姐来电，希望我能开辟一个以青少年为对象的科学专栏，我就再让《大家来破案》这个专栏复活，其间因忙碌而中断一阵子，但随即又恢复。此次恢复写作后，《幼狮少年》编辑群一开始即锁定此一专栏将来要结集出书，所以全力投入审稿。据吴小姐说，每一篇都经她的邻居及朋友评论过，《幼狮少年》的编辑也都提供了不少修正意见，务求合理。虽然有时合理的故事不免干涩，但经过编辑们修改的文字，总令我佩服。

算一算，《大家来破案》专栏由诞生至今，前后已经超过十年了，书中的主角明雪一直还在念高中，看来一时之间还毕不了业，真是可怜。不过，比起哆啦 A 梦中的大雄，小学读了

四十年，还是经常考零分，明雪算是幸运的了。

因笔者才疏学浅，书中所列理化原理若有谬误之处，请读者不吝赐教。至于执法程序若不甚符合实情，请一笑置之。毕竟，无论《福尔摩斯探案集》《名侦探柯南》或阿加莎·克里斯蒂所写的一系列侦探小说，其中的情节没有一部符合法律程序。

陈伟民 谨识

目录

纸上魔术

明安放学刚到家，爸爸就焦急地问他：“你还记得上个月，我曾经拿停车单叫你到商场停车场缴费吗？”

明安感到爸爸的语气有点不高兴，他回想了一下，说：“记得啊，我拿到巷口那家商场缴的钱。”。

爸爸扬了扬手上的一张收据问：“那停车管理处怎么会寄通知要我补缴？而且还说未按期缴纳，要追缴停车欠费及工本费呢。”

妈妈在旁边提醒明安：“快把收据找出来就没事了。”

明安跑到厨房去找，因为他们家人都习惯把收据用磁铁吸在冰箱上。可是现在冰箱上有一大堆收据，到底是哪

一张呢？明安把一堆收据都拿下来找，却发现收据大多已经泛白，很难辨识上面的字迹。幸好从模糊的字迹中，勉强仍可辨认出其中一张有“停车费代收”等字样。明安抽出那一张收据，回到客厅，拿给爸爸。

“应该是这一张。”

“应该？你也不确定吗？”爸爸接过收据一瞧，他立刻就明白明安为什么无法确定了。他说：“唉，都褪色了。”

妈妈问：“那怎么办？我们已经按规定缴费，也保存了收据，难道还要受罚吗？这太不公平了。”

爸爸叹了口气说：“因为这种收据都是用热敏纸制成的，如果照到紫外线，就会慢慢褪色。因收据字迹消失而引发纠纷，早就时有所闻。我们家厨房采光很好，所以阳光直接照在冰箱上，紫外线强烈，才会造成热敏纸的字迹褪色，我看以后另外准备一个牛皮纸袋收集这类收据，应该就不会有这种事发生了。”

妈妈仍然不平：“这次就只能自认倒霉了吗？”

爸爸说：“还好这张收据上的字迹只是模糊，还没完全消失，明天我拿去停车管理处申诉，应该没有问题。”

这时，明雪也放学回到了家，听到这件事，她关心的竟然是……

“我一直很好奇这种热敏纸为什么会出现字迹呢？”

爸爸说：“嗯，我今天在办公室正好收到一份传真，传真纸也是热敏纸做的。”说着他由公文包中拿出一张传真纸。

“传真上的数据我已经看过，我现在就用这张纸做几个实验给你们看，你们可以告诉我你们的推理。”

“推理？”明安问，“这是侦探在办案吗？”

爸爸笑着说：“科学家做研究和侦探办案很相似，都是由蛛丝马迹中找出事实的真相。”

爸爸把传真纸撕成几片，拿其中一片要明安折一只纸飞机。明安折好之后，爸爸就用吹风机对着纸飞机吹热空气，结果纸飞机变成了黑色。

“好啦，小侦探，你们的推理是什么？”

明安抢着回答：“它遇热会变黑，所以才叫热敏纸啊！”

爸爸点点头说：“很好。接下来，我们把纸飞机摊开

来，看看你们会发现什么？”

原来这张纸并没有完全变黑，而是一块黑，一块白。

明安说：“因为折起来的地方没吹到，所以没变黑啊！”说着他接过这张纸，又用吹风机再均匀地吹一遍，发现有一面完全变黑，另一面仍然不变色。他想了一想说：“会变色的色素只涂在纸的一面，另一面没有涂。”

爸爸很开心，说：“很好，推论完全正确。”

接着爸爸请妈妈到厨房倒一点醋在碗里，然后爸爸用筷子蘸醋，在另一片传真纸上画了一个圆圈，沾到醋的地方立刻出现黑色。

明安很惊讶，问：“醋会热吗？”

爸爸把纸交到明安手里，说：“你自己摸摸看啊！”

明安用手摸摸纸上的醋，一点也不热，他把沾在手上的醋抹在传真纸上，凡是抹到的地方都出现黑色，纳闷道：“好奇怪，我想不通。”

明雪沉思了一会儿，说：“我想热敏纸，其实并不感热，而是感酸。纸的一面应该加了色素和酸性物质，这种色素本来是白色的，所以纸张呈现白色。一旦纸在传真机或收据打印机里受热，色素就与酸性物质发生反应，变成黑色，这就是热敏纸会出现字迹的原理。如果直接加酸与色素反应，不必有热，也一样会使这种色素变黑色。”

爸爸问：“你要怎么证明你的推论呢？”

明雪跑到急救箱旁边，拿出氨水解释：“如果这种色素真的是因为遇酸而变色，那么只要在传真纸上的黑色字迹抹上碱性的氨水，应该会使字迹消失。”

果然，氨水抹到之处，黑色字迹全部变回白色，字迹消失了。

爸爸不禁鼓掌叫好，说：“完全正确。热敏纸有一面涂了一层白色素，还有包覆在微囊胞中的酸性显色剂，但是两者以囊胞隔开，平时纸都保持白色。传真机或收据打印机接到信号后，会在特定的位置加热，使那个地方的囊胞破裂，白色素与酸性显色剂相遇，就产生黑色。所以如果你用圆珠笔的笔盖在热敏纸上用力刮，也会刮破囊胞，使纸上出现有色的刮痕。”

明安手边没有圆珠笔，就用指甲在热敏纸上用力刮，果然出现黑色刮痕，笑着说：“好好玩啊！”

这时妈妈忽然想到什么，有些质疑，说：“可是我在报上读到一则消息，说这些热敏纸上有一种叫双酚 A 的物质，是环境荷尔蒙，对小孩的发育不好。”

爸爸点点头说：“没错，热敏纸里面的显色剂就是双酚 A，所以接触过热敏纸后，最好先洗手再接触食物。”

妈妈说：“真可怕，快去洗手。”

爸爸说：“今天两位小侦探表现良好，这么快就能解开热敏纸的谜团，我决定请大家到餐馆吃大餐。”

明雪和明安都发出欢呼，急忙到洗手间洗手。

这时候，外面不知发生了什么事，一阵喧哗声。

爸爸刚走到门口，想把门打开看看发生了什么事，一名彪形大汉突然跌进门内，爸爸吓了一跳，睁大眼睛一看，才发现竟然是李雄警官。他今天没穿制服，穿着一件蓝色薄外套和白色牛仔裤，他脸色苍白，嘴里断断续续地说：“有抢劫案……快帮我通知局里……”说完就晕了过去。

明雪和明安听到声音也跑出来，看到眼前的情形，惊讶地问：“怎么回事？李雄叔叔怎么会突然晕倒？”

爸爸赶快请妈妈报警叫救护车，这时候有位老婆婆走到门口，对爸爸说：“这个年轻人真勇敢，有劫匪抢了我的钱，他正好路过，帮我把劫匪抓住，钱也抢回来了，没想到劫匪还有好几名同伙，突然从他背后偷袭，其中一人还带了木棍。这个年轻人才寡不敌众，被打倒了，钱也被他们抢走了。”

这时大家才明白，原来李雄是遭到了歹徒偷袭。如此一来，老婆婆就是案件的重要证人。

爸爸急忙对老婆婆说：“请您进来坐，这人是我的朋友，同时也是一位警官，等一下警车和救护车就会到，会请您到警局做笔录，这样才能抓到歹徒，把您被抢走的钱追回来。”

老婆婆依爸爸的建议，走进客厅来等警察。

明雪跑到李雄身边，仔细观察，希望能找出什么线

索，早点捉住歹徒。她看到李雄手里紧紧抓着一小张白纸，她知道那是重要证物，不能乱动，所以只能在一旁盯着这张纸瞧。

过了一会儿，她问："阿婆，你的钱是从提款机取的吗？"

老婆婆惊讶地说："是啊，我从巷口超市的提款机取了两万块钱，放在包里，才走出店门没几步，就有一个年轻人从背后接近我，把我包里的钱抢走，拔腿就跑，我根本追不上，只能边追边喊，这位警官正好路过，就帮我追歹徒。"

明雪着急地问："阿婆，你从超市的提款机取钱时，不是会有明细表吗？明细表还在吗？"

"在啊，到提款机取钱，明细表很小的，超市的明细表都很大的。"

明雪笑笑说："是啊，那是因为超市的明细表上面还有货物的名称啊！你的明细表真的还在吗？"

阿婆掏了掏口袋，疑惑地说："咦，怎么不见了？被那些歹徒连钱一起抢走啦？”

明雪说：“别急，明细表现在应该在李警官手里，不过现在已经成为案件的证物了，暂时不能还你。”

“没关系，钱都被抢走了，要那张明细表有什么用？赶快抓到歹徒比较重要。”

这时警笛声已由远而近，救护人员和警察都赶到了。

救护人员一进屋里，就要把李雄搬上担架，明雪说：“等一下，他手上那张纸是重要证物。”

这时候鉴识专家张倩也到了，她立刻戴上手套，把李雄手上的那张纸取下，才让救护人员把李雄抬走。

张倩打开那张纸，果然是张明细表。

明雪简单向张倩说明了事情的经过：“李叔叔紧捏着这张明细表不放，也许他想向我们传达某种信息，上面可能有重要的证据。”

张倩点点头，仔细观察了那张纸之后，把它放进一个玻璃瓶中，并把瓶盖旋紧：“这是热敏纸，上面非常容易采集到指纹，你有没有兴趣和我一起到实验室进行

检验？”

“当然有兴趣。”明雪高兴得跳起来，不过她还是看看爸妈，征求他们的意见。

爸爸点点头说：“去吧，早点抓到歹徒，将攻击李雄叔叔的歹徒绳之以法。”

等张倩到超市及街头案发地点采集证物完毕后，明雪就跟她一起搭警车到实验室。李雄的部属林警官则负责案件的调查，他命人将老婆婆送至警局做笔录，也到超市取得监控录像带，并访问附近店家，看看有没有目击者。

进入鉴识科的实验室之后，张倩把放有热敏纸的玻璃瓶交给明雪，并详细说明她的判断：“听你描述的案发经过，可知歹徒从老婆婆包中抢钱时，连明细表也一起抓走了，虽然后来他的同伙偷袭李雄，把钱又抢了回去，但明细表落在李雄手里而未被抢走。我注意到李雄捏住的是纸的背面，也就是没有涂白色素的那一面，所以正面很可能还留有歹徒的指纹，现在你要依我的指示，让指纹现形。”

明雪虽然很兴奋，但深感责任重大而有点紧张地问：“你确定我会做吗？”

张倩笑笑说：“放心，这个技术不会比你学校的化学实验困难，只要照我说的方法，一步一步做，就会成功的。现在先戴上橡胶手套。”

于是明雪依张倩指示，用戴着橡胶手套的手打开瓶盖，用镊子夹出纸张，放到一个亚克力制的箱子里。箱子里有个恒温槽，槽中放了一个培养皿。明雪把纸悬挂在箱子里，然后从药瓶中倒出少量碘晶体到培养皿中，打开恒温槽的电源，关上亚克力箱子，几分钟后，透过透明的亚克力，可以看到纸上浮现出几枚清晰的黑褐色指纹。明雪高兴得大叫，没想到这么简单就能让指纹重现。

张倩冷静地指挥明雪继续操作，嘱咐她说：“碘的蒸气有毒，现在戴上口罩，打开亚克力箱子，关掉恒温槽电源，用镊子把纸拿出来，再用数字相机拍照。”

拍下指纹后，张倩立刻把相机的记忆卡取下，交给另一位鉴识人员。“在电脑上搜寻这些指纹有没有犯罪

记录。”

明雪担心地问：“需要用胶带把指纹贴起来吗？不然碘很快就会升华成气体，辛辛苦苦重现的指纹就消失了。”

张倩笑笑说：“指纹上有我们分泌的油脂，所以会吸附碘分子，这就是我们采用碘蒸气使指纹浮现的原理。因为吸附只是物理变化，所以在普通的纸上采集到的指纹要立刻用胶带封存，否则碘很容易升华，指纹就消失了。但是热敏纸上的白色素会与碘分子发生反应，把电子传送给碘，而本身转变成有色的物质，因为产生了化学变化，所以热敏纸上采集的指纹不用封存，可以保存很久。”

这时候负责搜寻指纹档案的鉴识人员高兴地向张倩报告：“找到嫌疑人了，明细表上除了老婆婆和队长的指纹外还有另一个人的指纹，经过搜寻后发现，是个有抢劫前科的年轻人，名叫彭羽齐，昨天才刚出狱。”

张倩摇摇头：“年轻人不学好，刚出狱就犯罪，为了两万块钱就犯下这种抢夺和伤害的重罪，真是不值得。”

虽然已是深夜，张倩还是赶忙把嫌疑犯资料送给林警官，林警官那儿也查出点眉目了："根据我们访查目击者及调阅超市监控录像的结果，疑犯是三男一女，女性疑犯先假装在超市内购物，发现老婆婆提取现金，立刻尾随走出店外，打暗号给其他三名男性疑犯。由其中一人，可能就是彭羽齐，下手抢劫，不料李雄正好下班经过，见状立即上前逮捕，其他三人只好由背后偷袭，救了同伙，并且把钱抢走。现在有了彭羽齐的数据，我马上去逮捕他，相信其他三名同伙也跑不掉。"

林警官率队出发前，回头交代张倩："陪李雄队长到医院的同事刚刚打电话回来，说队长已经醒了，伤势也不严重，你们快去探望他吧。告诉他我正要去逮捕歹徒，他一定会很高兴。"

张倩点点头，对明雪说："你看，李警官的敬业精神也感染了他的下属，不论现在是不是下班时间，每个人都以除暴安良为己任。"

明雪点点头说："嗯，我也很佩服李叔叔，我们快到医院探望他吧！"

科学小百科

碘（I_2）在常温下是紫色的固体，加热会释放出紫色的气体。碘是一种会升华的物质，也就是说，碘在常温常压下并没有液态，而会直接由固体转化为气体。

文章中取得指纹的碘熏法，就是利用碘会由固体直接气化成气体的碘分子，吸附在指纹内有机物上的原理（I_2＋油脂→I_2－油脂），让指纹显现颜色。这种方法适合在密闭容器内进行，而且以纸张效果最佳，有时为了节省时间会用加热系统来加速碘的升华。

不可磨灭

“我们在这里停留一小时，11点请准时回到车上。”旅行团的带队老师大声说道。

这个暑假，明安参加了三天两夜的科学旅行团，参观地点包括水库、台南科学园区、屏东海洋馆等。这是放暑假前就报名的活动，后来发生了水灾，他以为旅行团取消了，没想到主办单位说海洋馆、科学园区等处均不受影响，于是照原定计划出发。

由于报名的小朋友来自四面八方，第一天大家互不相识，有点生疏。

这一站本来要参观水库附近的游客中心，但车子翻山

越岭抵达目的地，大家正在赞叹深山里竟有一栋玻璃帷幕的建筑物时，却发现大门深锁。

主办单位拦下一辆路过的小客车，询问是怎么回事；恰好司机是附近居民，他解释说游客中心虽没有受损，但工作人员全去支持重建工作了，这儿将封闭一段时间，还透露前往大坝的路只有部分通车，大型游览车无法进去。

因为附近没有其他景点，带队老师只好让大家先下车走走看看。

由于团员之间彼此不熟悉，所以下车后各走各的，有人绕着游客中心拍照，有人沿着山谷边缘走，观察被混浊溪水冲毁的小路。明安绕了一圈，觉得无趣，就往建筑物后的树林走去。他走了一阵子，回头看不到同伴，正想往回走，不料树林浓密，已认不清刚才来时的路。

虽然听得到潺潺溪水声，但明安就是走不出树林。他低头看看手机，完全收不到信号，因此愈走愈慌，绕了一大圈，发现又经过同一棵大树，明安知道自己迷路了。

他深吸一口气，告诉自己别慌张，毕竟天色还很亮，不会有危险，只要朝同一方向走，肯定能走出树林，回到公路上，再向当地的居民求救，就可脱险。于是他尽量保持同一方向走，过了十几分钟，终于走出了树林。

走出树林，就看到一间很大的铁皮屋，屋前停放着一辆客货两用的汽车，明安心想终于得救了，快步走向前。

“有人在吗？”明安站在门口朝屋里喊，无人回应。他纳闷地走近小货车，心想：车子既然还在，主人跑哪去了呢？由车窗看进去，里面有些布袋；绕到车子后面，后车厢未关上，可见车主正在装货。

“小弟弟，你在找什么？”身后突然响起沙哑的嗓音，明安吓了一跳，原来是个矮胖的秃头男子。

明安立刻求援：“我迷路了，你可以带我回游客中心吗？大家应该都在找我。”

胖子笑着安抚：“你先进屋里等，我们搬完货再带你去。”

明安恨不得赶快归队，但总不能勉强别人放下手边的工作。“屋里有没有电话？我想先向旅行团报平安，我的

手机收不到信号。”他问道。

“有，你进屋里打。”胖子指着半掩的门。明安高兴地走进屋里，看到屋内景象却吓了一跳，因为这并非一般住家，而是菇类栽培室。里面有许多钢架子，栽培着一层层的蘑菇，但有些架子被推倒，蘑菇也散落地面，一个留着小胡子、头发抹得油亮的年轻男子，正在捡掉落地面的蘑菇。明安认不出那是什么种类的蘑菇，不过他觉得农夫绝不会这么粗暴地对待自己的农作物。

明安环视屋内，没看到电话，心知不妙，于是假装镇定：“你们在忙啊？那我自己走路回去好了。”

随后进来的胖子却哈哈大笑：“你这小鬼挺机灵的嘛！想脱身？刚才你在门外喊叫，我们心想只要你走开，就放你一马，偏偏你跑到车子那儿探头探脑，我只好把你留下来，免得破坏我们的‘买卖’。既然把你骗进来了，我还会让你走吗？”

“伯伯你在说什么？我听不懂。”明安想装傻躲过一劫。

“少来这一套！告诉你，我们是来偷这些珍贵蘑菇的，没想到被你撞见，我们可不能冒着被举报的危险。”他对小胡子下达指令，“把他绑起来！”

小胡子用绑布袋的细绳，将明安双手反绑背后，扔在墙边，然后继续推倒菇架，捡拾蘑菇。胖子在一旁催促：“快，这小鬼是跟团来的，耽搁太久，会有人来找他。”

明安背靠着铁皮墙壁，镇定地思索着如何脱困。

不一会儿，赃物都搬上车后，小胡子问：“老大，这小鬼要怎么处理？”

“他看清楚咱们的面貌，不能放他走，把他带上车。”胖子脸上浮现出奸诈的笑容，“我们可以勒索他的父母，这可是天上掉下来的礼物！”

小胡子伸手拉起明安，胖子则推着明安往外走。

“等一下，老大。”小胡子眼尖，发现明安背后的铁皮墙面有字迹，蹲下来仔细查看，“这小鬼在墙面留下咱们的汽车车牌号码。”

胖子怒不可遏，在明安被反绑的手中找到一枚铁钉。

“小鬼，你果然很机灵。刚才你在车子前后东张西望，竟然记下了车牌号码，而且还把它刻在墙上求救，真不简单。可惜聪明反被聪明误，等我们收到赎金，非把你做了不可。”

刚才明安双手被反绑时，就在地上摸索，找寻可用的物品，结果找到一枚生锈铁钉，灵机一动，把歹徒的车牌号码刻在铁皮墙面上，这样警方要追查就容易多了；没想到被小胡子看到，计划终归失败。

“我把小鬼带到车上绑起来，你去工具箱找砂纸，磨掉墙上的车牌号码。动作要快，我们得在搜寻小鬼的人马到达前离开山区。”胖子下达命令后，小胡子依言照做。不久，两人便押着明安，扬长而去。

¤ ¤ ¤

旅行团等不到明安，非常着急，立刻通知当地警方及明安的家人。爸爸带着明雪赶赴山区，参与搜寻行动；临走前，他交代妈妈在家等电话，他相信明安一旦脱险，必定会打电话回家。

幸好有高铁，他们很快抵达本地，再搭出租车抵达水库附近的派出所。科学旅行团负责人报案后就留在派出所，不断向爸爸道歉。

爸爸冷静地说：“现在追究责任无济于事，找到孩子最要紧，你还是回去照顾其他团员吧！”

当地警力不足，只能由一位管区警员开着警车，带爸爸和明雪挨家挨户询问，但没人看到明安，最后他们来到了菇类栽培室。

警员本来不想下车，他说：“这家栽培室的主人是林区居民，这几天回老家清理淤泥，所以没人在家，明安应该不会在这里。”

这时明雪发现空地上有一枚手机吊饰，急忙下车查看。确认后，她兴奋地大喊：“爸，这是弟弟的手机吊饰，他来过这里！”

警员质疑：“这款手机吊饰很流行，很多小男生都有，不一定是你弟弟的。”

“但绑住吊饰的中国结是妈妈做的，我确定这是明安掉的。”

警员只好下车走向栽培室，从窗户探头查看里面的情形，他立刻发现不对劲：“主人不在，门也没关，钢架全被推倒，菇类一扫而空——这里遭遇小偷了！”

明雪立刻发问：“明安会不会因为撞见行窃过程，而被抓走？”

警员沉吟片刻：“有可能，果真如此就不妙了。本以为是单纯的儿童走失案，现在却变成了重大刑事案件。”

他们立刻搜索现场，结果明雪在铁皮墙面发现砂纸磨平的痕迹：“这痕迹很新，会不会是弟弟留下的字迹，被歹徒发现而磨掉的？”

爸爸点点头：“非常有可能，以明安的个性，他若被歹徒抓走，一定会想办法求救或脱身的。”

明雪苦恼地问：“如果是他留下的字迹，肯定含有重要破案线索，现在却被磨平了，我们该怎么办？”

爸爸一副胸有成竹的样子：“在铁皮刻字必须用极大

的力量，所以下方晶格会遭到破坏；虽然表面字迹被磨平，但刻过字的地方非常容易氧化，只要善用此原理，就能使字迹浮现。我们拆下铁皮，送给刑事鉴定专家，他们有很多方法重现字迹。”

“我知道这家主人把工具箱放在哪里，我去拿。”警员找来一些工具，小心翼翼地拆下铁皮。

明雪问：“接下来怎么办？”

爸爸详细回答：“把铁皮泡进酸性水里。因为被破坏的金属容易生锈，经过一天，明安刻的字就会浮现出来。”

“这原理我懂，基于同一原理，车子如果被撞击，虽然可用钣金技术恢复美观，但被撞过的地方还是容易生锈。”明雪话锋一转，“但要等一天，是不是太久了？弟弟如果看到歹徒的样子，会不会很快就被灭口？”

警员提议：“还是先把铁皮送回警局再说。这是警方的证物，请让我依程序送给上级处理吧！”

“依程序送给上级处理？那不是更来不及吗？”明雪心慌嚷嚷着。

但三人想不出别的办法，只好将铁皮送回派出所。这时，明雪发现警官李雄与鉴识专家张倩正在派出所内与所长谈话。

“李叔叔、张阿姨，你们怎么会在这儿？”明雪看到他们，高兴极了，知道弟弟有救了！

李雄表情严肃：“你妈妈接到歹徒电话，对方要求巨额赎金，她只好先虚与委蛇，延后付款时间。因为你们在山区，手机信号不佳，所以她直接向警方报案。”

张倩接着说：“案件已升级为绑架勒索，我和李警官正好被派往这里支持灾后调查工作，上级就指定我们过来协助。”

爸爸焦急地问：“绑架？明安还平安吗？”

李雄点点头：“歹徒让他和妈妈说了几句话，目前仍旧平安。但时间紧迫，慢了恐怕……”

明雪急忙把拆下的铁皮拿给张倩，并描述现场情形。“可是，爸爸建议的方法需要一天的时间，我怕来不及救弟弟。”明雪着急地说。

张倩安抚她：“别担心，这次水灾造成重大损失，许多建筑、车辆都需要检验鉴识，所以我把仪器装在车里带了过来，这种情况正好可以使用磁束探伤法解决。你找张干净的桌子，我马上把仪器带进去，几分钟就会有结果。”

明雪小心翼翼地将铁皮平放在桌上，张倩提着一部形状像“冂”形的仪器进来，让仪器横跨被磨平的字迹两端，边启动仪器，边解释给明雪听：“这两端分别是电磁铁的N极和S极，磁力线由N极射出，经由外部回到S极，铁皮受过损伤的地方附近，磁力线会比较密集。”

接着她请李雄抓住仪器，她自己取出装有橡皮球的小瓶子，并将瓶口对准被磨平的字迹，按下橡皮球：“这是一种特制的油，里面有细微铁粒悬浮。把油喷洒在铁皮上，细铁粒就会集中在磁力线较强的地方——你瞧，字迹浮现了，是英文和数字组成的字符串：HP-804……”

明雪不解：“这是什么号码？”

李雄笑着回答：“应该是汽车车牌号码，可能是明安留下歹徒作案用的汽车车牌号码，要我们循线追查。我立

刻上警用计算机调查。”

明雪感激地说：“张阿姨，还好你使用这么先进的仪器，我们才能快速破解被磨去的字迹。”

张倩进一步对着明雪和爸爸解释：“如果歹徒抢夺军警枪支或偷窃汽车、摩托车，通常会磨掉枪支及引擎号码，避免警方追缉。从前是用陈爸爸所说的锈蚀方法，让号码重现，但比较耗时，锈掉的铁器也不能恢复原状，会永久破坏证物，所以现在我们优先采用磁束探伤法。工业上也可使用这种方法，找出铁制机械或铁管有裂缝之处，避免意外发生。”

这时，李雄已由车牌号码追查出车主身份：“查到了！对方是偷窃惯犯，刚出狱不久，住在南部。”

数名警员陪同李雄前往逮捕歹徒，一小时后就传来好消息——警方成功制伏两名歹徒，并救出了明安。

¤　¤　¤

明安搭着警车回到派出所后，爸爸除了心疼地抱抱他，也忍不住责怪：“你出外旅游怎么能随意脱队呢？”

明安知道自己错了，一再向大家道歉。

辖区的警员好奇地问明安：“这些歹徒狡猾又细心，连你偷偷刻在墙上的字都被发现，他们一定会提高警觉，你怎么有机会留下手机吊饰？”

“他们磨平墙上字迹时，我乘机取下手机吊饰，藏在手心里。上车前，歹徒没收我的手机，把我关在后车厢，和偷来的菇类堆在一起。我趁他们不注意，把吊饰丢到车子底下，因为车子很快驶离，歹徒根本不知道我又留下线索。”

派出所所长摸摸他的头：“小朋友，还好你机警，我们追查的速度才能这么快。这两名歹徒很凶恶，迟一点展开救援行动的话，恐怕就来不及了。以后别再任意脱队，知道吗？”

明安点点头，再次道歉，也感谢全体警察叔叔的辛劳。

科学小百科

大家对于磁铁了如指掌，但你可知什么是磁力线？

磁力线是假想的线，英国科学家法拉第为了解释磁场的大小和方向，而提出磁力线概念。

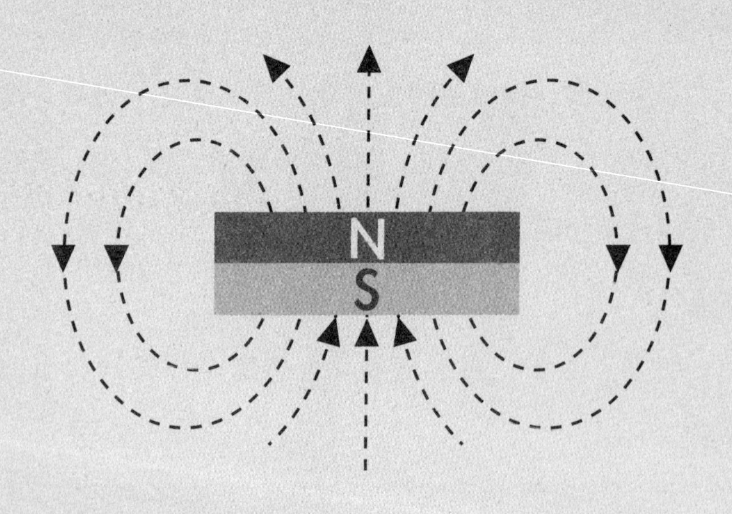

磁力线是封闭曲线，由磁铁的N极射出，S极进入，绝不会有分叉或会合的现象，所以任意两条磁力线不会相交。因为是假想的线，当然看不见，但有些简单实验能让它“现形”：在磁铁上平放一张卡纸，均匀撒上铁粉，接着轻轻拍打纸张，铁粉就会因受力而排列成许多细线——虽然这不是磁力线，但可帮助我们想象磁力线的模样！

磁力线密度最大的地方，就表示磁场最强，那正是N和S两极的位置。

故事中所指铁皮受损的地方磁力线较密集，是因为受损处的磁力线比较不容易通过，等于是被迫通过损伤处下方的材料，因此受损地方附近的磁力线会比较密集。

怒气冲天

秋天到了，一连几天都是秋高气爽的好天气，让人觉得非常舒服。星期六中午，明雪一家坐在客厅聊天，大家不约而同觉得一年之中，就属这段时间气候最宜人，爸爸因此提议应该到户外走走。

贪玩的明安兴奋附和：“我赞成！我们顺便去吃美食，好不好？”

妈妈笑看他一眼，抛出问题：“那秋天要吃什么呢？”

结果，大家异口同声回答“大闸蟹”，接着爆发出一阵笑声。

“听说新北乌来山区养殖大闸蟹非常成功，不如我们

就到乌来郊游，用完晚餐再回家。”爸爸笑着提议，其他人也同意了，大伙立刻整装出发。

明雪记得小时候曾跟父母到乌来游玩，那时街道停满车子，要找个停车位比登天还难，可见当年这儿是极为热门的旅游景点；甚至某年全家人去新西兰玩时，曾在一户农舍投宿，女主人是位老太太，听说他们来自中国台湾，立刻兴奋大喊：“我蜜月旅行就是去台湾的乌来呢！”

未料这次全家人到乌来玩，路上竟然空荡荡的，所以他们很容易就在游乐园前面找到停车位，并且搭乘缆车进入游乐园。令人不胜唏嘘的是，园区里也是一片荒凉，到处堆满黄土，明雪小时候曾玩过的许多游乐器材，都因不堪破损而弃置一旁。

妈妈好奇地询问员工，才知道自从前年台风造成重大破坏后，园方就一直无力修复；但也幸好人工建造的游乐设施无法使用，游客因此大为减少，登山小径反倒更能保有原始风貌。

全家人在园区内逛了一圈后，再度搭乘缆车离开，此时，明安看到出口处有人在卖温泉蛋，直嚷着肚子饿。

妈妈当然明了他的意思，便买了一包温泉蛋，全家人分着吃。

明安塞了满嘴蛋黄，要起宝来："嗯……好好吃，好好吃啊！乌来的温泉蛋是世界上最好吃的蛋！"

明雪受不了弟弟的幼稚而叹气，爸爸则出言提醒："明安，别吃太多，马上要吃午餐了。"

就在他们准备上车之际，一辆灰色轿车突然停在路边，步出车外的中年男子热情地向爸爸打招呼："老陈，全家出游啊？真是幸福！"

大家一看，原来是李雄警官，而坐在驾驶座的长发青年，则是他的搭档林警官。为了办案方便，林警官习惯留长发、穿便服，以掩饰警察身份。

"真巧！你们也来玩吗？"爸爸向李雄和林警官点头打招呼，接着好奇地问。

"哪有这好事？我们今晚是到乌来执行公务。"李雄无

奈地说。

听到这里，明安忍不住插嘴："李叔叔，山区治安不是一向很好吗？怎么还需要外地警察支援？"

李雄叹了一口气："唉！因为这里的房主大多是有钱人，往往买了温泉别墅却没时间来度假，所以容易引起不良分子的贪念，趁着没人在家时偷东西或搞破坏。就像你说的，山区治安一向良好，平常不会配置太多警力，加上这些案件很可能是熟识本地警察的当地居民所为，因此接到别墅主人投诉后，上级便指派我们跨区支持，希望今晚能有收获。"

"那你们就等吃饱饭再执勤吧！"听完前因后果，爸爸力邀两位警官一起去用餐，李雄却表示每栋别墅的距离都很远，必须不断巡逻，且两人已准备面包果腹，挥手告别明雪一家。

爸爸见状，只好约定下次一定要一起吃顿饭，接着载着全家人往山里开去，并顺利进入管制区，抵达事先预约的餐厅。

餐厅里，已有一桌客人在享用大闸蟹。明雪定睛一看，发现螃蟹看起来挺小的，便偷偷告诉爸爸，就连老板娘为他们服务时，也率直坦言道：“这批大闸蟹不太肥美，我建议你们改吃鲟龙鱼。”

既然有行家推荐，大家当然采纳建议，并且在等待上菜时，到餐厅前的养殖场参观大闸蟹和鲟龙鱼的养殖情形，直到老板娘招呼他们入座用餐。

虽然餐厅陈设并不豪华，但鱼肉鲜美可口，加上放眼望去能欣赏日落前的云彩变化，也是一大享受。一家人边吃边谈笑，直到夜幕降临、满天星斗，才依依不舍地准备离开。

临走前，爸爸交代老板娘再做一道炸鱼佳肴，切成块状后打包。妈妈低声询问缘由，爸爸笑着解释：“等一下若发现李雄的车子，就可以让他们打打牙祭。都这么晚了，还得啃面包执勤，实在太辛苦了。”

借由明亮的车头灯，爸爸小心翼翼地沿着蜿蜒山路，慢慢驶离。一片寂静中，明安忽然大喊：“爸，那是李叔

叔的车！”

众人仔细一看，果然发现一辆灰色轿车停在右前方的路旁，爸爸立刻缓缓驶近。

这时，附近的别墅突然传来玻璃破裂声，把全家人吓了一跳，灰色轿车两侧的车门则同时被打开，只见李雄和林警官冲出车外，迅速翻墙进入别墅中。

不久，别墅里扬起一阵打斗声，还夹杂着吆喝及叫喊声——明雪一家都知道，两位尽忠职守的警官正展开抓捕行动，但他们不知道自己能帮上什么忙，只能呆坐车中。

明安苦思片刻，接着击掌大喊：“对了，我们得快点报警，要警方快派人来协助李雄叔叔！”

不过，当他打电话向当地警方叙述案发情形时，对方回答李雄早已请求支持，警车应该快抵达现场了。

大约三分钟后，林警官押着两名上了手铐的少男少女步出别墅，明雪一家见局面获得控制，才下车跟他及随后现身的李雄打招呼。

“队长，这两个人交给你，我去追那名从后门溜掉的嫌犯！”林警官说着，就将已上铐的男生和女生推向李雄，接着往屋后的小山丘跑去。

李雄面容一整，严肃逼问那两人：“我刚才看到你们四个人一起翻墙进去，共有两男两女。其中一人从后门溜掉，另外还有一个呢？”

“哼！我们才不会告诉你。”男生冷哼一声，桀骜不驯地说。

李雄没有跟他计较，只是动手搜身，并且冷声质问：“枪呢？”

这次，换那名女生出言不逊：“你很烦呢！我们又没有枪。”

“不然你们用什么打破玻璃？”按捺不住的李雄当场怒斥，让两人吓了一跳，不过，他们还是没有供出作案手法。

此时，支援警车已赶到现场，李雄便将两人交给当地警方，详细说明：“这两名嫌犯就拜托你们了，我和我

同事还要持续搜捕另外两名闯入者，他们身上可能藏有枪支，非常危险。”

待警车开走，李雄打算重新进入别墅搜查，明雪和明安赶紧把握时机提出要求：“李叔叔，我们可以跟进去看看吗？”

李雄先是看了爸妈一眼，接着才点点头：“好吧，你们说不定可以帮忙出主意，但千万记住，不要乱动东西。”

一行人进入屋里后，李雄将别墅的灯全部打开，并且小声吩咐：“我要逐一搜索每个房间，寻找第四名嫌犯的踪影，你们可以在客厅帮我找找看，是否有掉落的弹壳。”

说完，李雄就径自上楼工作，留下姐弟俩在客厅。明雪注意到大片落地窗被打破，地面散落着许多玻璃碎片，因此提醒弟弟要小心，别被玻璃划伤了。

两人仔细观察地面，发现窗边有些透明碎片混在其中，但材质明显与玻璃不同，所以感到非常好奇。明安捡起那些透明碎片，小心翼翼地摸了摸，吃惊地说："姐，这是塑料，而且冰冰凉凉的。"

明雪也在玻璃碎片中捡起一枚瓶盖，喃喃自语："那些碎片和瓶盖应该来自塑料瓶，可见现场有一个塑料瓶被炸成碎片。可是……如果发生爆炸，怎么触感冰冰凉凉的呢？"

当她陷入沉思之际，林警官押着一名穿着橙色衬衫的少年，由后门走了进来。遍寻不着李雄身影的他，扯开喉咙大喊："队长，我抓到那名嫌犯了，你这边有进展吗？"

从楼上走下来的李雄摇摇头："这里没找到任何人和枪械。"

见状，林警官扯住男生的衣领，大声斥道："你还有一个同伴在哪？快说！"

橙衣少年吓得发抖，连话都说不完整："我……我真的……不知……"

明雪持续在地面摸索，还跑到餐桌旁，观察散落其上

的物品。

“你们为什么侵入别人的房子？”李雄再度质问橙衣少年。

橙衣少年畏畏缩缩地说：“今天……是兰翎生日，我们几个朋友……要帮她办派对，就买了一些饮料和食物，选定这栋……围墙较低的别墅，翻墙进来玩……”

“办派对干吗带枪械？”林警官不悦地开口。

闻言，橙衣少年吓了一跳，极力为自己与朋友辩白：“枪？我们没有带枪啊！”

李雄见他不肯说实话，正要发怒，明雪急忙制止：“李叔叔，他说的是实话，现场真的没有枪。”

“但我们听到爆裂声的同时，玻璃就碎裂了，不是枪又是什么？”李雄和林警官异口同声地反驳。

明雪摇摇头，说出自己的推测：“这群少年因为要举办生日派对，所以带来食物和饮料——你们看，桌上有一盒以冰淇淋当馅料的雪饼，就是证据。为了避免内馅融化，雪饼通常会用干冰保存，我猜他们喝完饮料后，因为贪玩之故，便把干冰放进塑料瓶并旋紧瓶盖，放在窗边。干冰虽是固态二氧化碳，但在室温下会变成气态；由于瓶内气体压力愈来愈大，瓶子终被炸开，连带打碎玻璃窗，这就是玻璃破裂声的由来。”

“姐，你怎能确定是干冰惹的祸？”明安好奇问道。

“因为你发现塑料瓶碎片和地面都冰冰凉凉的啊！干冰温度本来就低，加上高压二氧化碳气体冲出瓶口的瞬间，体积突然膨胀，会吸收大量热能，所以使得附近物体更加冰凉。”明雪笑着为弟弟解惑。然后她转头向橙衣少年求证：“你说，我的推理对不对？”

男生愣了一会儿，接着点点头，不发一语。

李雄思考片刻，终于松了一口气：“嗯，你说的有道理，之前确实有过类似案例：一名小孩同样把干冰丢入塑料瓶中，旋紧瓶盖，结果炸开的瓶盖造成他失明。看来，这群少男少女真的只是私闯民宅，并未携带枪械。”

“那……兰翎人呢？”正当众人如释重负之际，男生怯生生地问起同伴踪影，“我记得塑料瓶爆炸时，兰翎非

常兴奋，吵着要找更多瓶子来玩，结果下一瞬间，你们就冲进来了，大家只得四处逃窜。”

“找更多瓶子……”明安喃喃重复男生的话，接着像是突然想起什么，拔腿就往厨房跑，四处搜寻过后，锁定橱柜下面的柜子。

当他打开柜子，赫然发现里面有一名陷入昏迷的瘦弱少女，随即扯开喉咙大喊：“李叔叔，快叫救护车！”

待救护车把兰翎送到新店市区的医院后，姐弟俩又到派出所做笔录，直至深夜才离开。眼见夜已那样深，爸爸提议干脆投宿温泉旅馆，等隔天再回家。

¤　　¤　　¤

第二天一早，当全家人在享用旅馆早餐时，李雄和林警官带来好消息：“兰翎已经脱离险境，没有大碍。医生说幸好抢救得早，如果再晚一点发现，恐怕会有生命危险——这都是明雪和明安的功劳。”

“这真是太好了。话说回来，明安，你怎么知道她躲在厨房的柜子里？”爸爸感兴趣地询问儿子，想听听他的“办案历程”。

明安挠着头回答：“因为她朋友说她正要去找瓶子啊！我先是反问自己屋里什么地方瓶子最多？结果得到‘厨房’这个答案，所以就到那里找人。我猜，她一定是带着剩余的干冰到厨房，忽然听见警察闯进客厅抓人，就吓得躲到柜子里，不敢动弹。”

“嗯，她所携带的干冰不断升华成二氧化碳，加上柜子又非常狭小，才会造成她缺氧而陷入昏迷。”明雪补充说道。

妈妈话锋一转，关心起被逮捕的少男少女：“我看那些嫌犯年纪这么小就被戴上手铐，好可怜啊！”

闻言，李雄尴尬回复：“呃……当时误以为他们携带枪械，才会戴上手铐；后来得知他们只是私闯民宅，未犯下重大罪行后，我就请本地警察解开手铐，并通知家长来领回。后续调查工作也将由本地警方接手，追查他们总共侵入多少间民宅；他们不但要赔偿房主损失，还要负法律

责任。”

爸爸拍拍他的肩膀，大声说：“真是辛苦你们了。来，先吃早餐，再去泡温泉，中午我请你们吃饭！”

李雄和林警官交换一个感动的眼神，决定好好享受这难得偷闲的假期，尽享乌来之美。

科学小百科

如文中所述，干冰是固态二氧化碳，因此只要在常压下，干冰接触到温度高于 -78.5℃的环境，就会直接升华成气体，而非融化成液体。

值得注意的是，气体分子之间的距离远比固体物质大，所以固体升华成气体时，体积会迅速膨胀，若被局限在体积一定的容器中，会导致气体压力愈来愈大。当密闭容器或空间承受不住压力，就可能发生猛烈爆炸，危险性极高，千万不要随意尝试！

另外，干冰因为温度低，可使空气中的水蒸气凝结成小水滴，形成烟雾，因此常被用来制造舞台效果。

飞来一笔

里长（相当于村主任）伯伯要请客，这在地方上可是件大事。

里长伯伯算得上是本村首富，光靠公司及房屋租金就过着富裕的日子，没有生活压力，有多余时间为地方事务奔走，已经蝉联五任里长。

没想到不久前，他做健康检查，发现脖子上有肿瘤，必须立刻开刀。因为担心开刀有风险，可能一去不回，里长伯伯决定在开刀前宴请乡亲，感谢大家多年来对他工作的支持。

宴会订于六点钟开始，但村民从五点多就陆续进场，

宴会场地设在里长家门前的广场上。明雪和明安跟着爸妈进场，找到空位就坐下，发现广场边还架设舞台，请来乐团在现场表演。担任主唱的女歌手三十几岁，留着短发，额头宽大，歌声嘹亮，很能带动气氛。

宴席进行到一半，里长上台发表一段感性谈话，感谢乡亲多年来的支持，并开玩笑说如果开刀失败，请大家把这次宴会当成告别。同时也承诺若开刀顺利，将返回岗位，继续为众人服务。这席话获得众人如雷的掌声，乡亲齐声祝福他能恢复健康。

奇怪的是，女歌手一听到里长伯伯身染重病，突然脸色大变，表情奇怪，接着像是做了什么重大决定，深呼吸数次。

就在里长伯伯将麦克风交还给她时，她突然拉着他的手，拿出了一张老照片。里长伯伯看到后十分震惊，语音颤抖：“你……你怎么会有这张照片？”

女歌手轻声说了几句话，里长伯伯立刻拉着她走进家门。众人虽有点意外，但仍继续吃吃喝喝。

十五分钟后，里长伯伯牵着女歌手的手踏上舞台。他一脸严肃地说：“各位，我有一件重大事情要宣布。这位是我的女儿，她随母姓，叫周晶汝……”

众人一片哗然，转头看里长的太太和儿子，两人脸色苍白并皱着眉头。

“我年轻时在金门当兵，认识一位周小姐，马上陷入热恋；但我退伍返回台湾后，却与她失去联络。我后来奉父母之命，娶了现在的太太，很感谢太太多年来尽心扶持这个家……晶汝拿出多年前我和她母亲在金门的合照，并且说出当初两人交往的许多细节，还表明母亲曾告诉她，我就是她的生父。母亲过世后她就到台湾来找我……你们看，她的额头和我多相像啊！”

大家议论纷纷，对两人宽额头的相似度表示认同。

里长伯伯喜忧参半：“我很高兴进手术房与死神搏斗前，能知道自己还有一个女儿；就算手术失败，我的人生也没什么遗憾了。”

接着，他对着台下的妻儿说：“你们知道我每到新年

都会重写遗嘱，我没把握能否活到新的一年来临，所以今晚就会立下新遗嘱，压在客厅的香炉下，祈求祖先保佑我康复。万一我发生不幸，你们可以取出香炉下的遗嘱，照我的意思处理遗产——你们放心，虽然找到失散多年的女儿，但我在遗产分配上不会亏待你们。”

虽然危机仍在，但众人还是鼓掌祝贺里长伯伯骨肉重逢。里长夫人却站起身来，骂了一句：“哪里跑来的女骗子！你就这么轻易相信她？”之后便气冲冲地离开会场。里长的儿子也呆住了，望着这个突然冒出来的姐姐。

本来气氛热烈的宴会竟出现这种尴尬场面，宾客们纷纷提早离席。

¤ ¤ ¤

几天后，不幸的消息传来：里长伯伯手术失败，死在手术室里，不能返回岗位为大家服务。

大家哀戚的心情尚未淡化，此时却传出了争夺财产的官司。

原来是那天与里长伯伯相认的女儿周晶汝将里长夫人及儿子告上法院，主张里长伯伯曾亲口答应会在开刀前修改遗嘱，把她列入财产继承人之一，但目前公布的遗嘱却只将里长夫人及儿子列为继承人，周小姐因此认为两人隐匿真正的遗嘱。法院指定警方必须查出遗嘱真伪，以利宣判。

整件事变成大家茶余饭后的焦点，偶尔听到邻居以谈论八卦的态度加油添醋，甚至传言周小姐根本不是里长伯伯的骨肉，只是为诈骗遗产而假冒的骗子。

明雪和明安对搬弄是非的人很不以为然，他们也关心此事，但觉得里长伯伯服务地方多年，大家应该合力找出真相，让遗产按照里长伯伯真正的意愿分配，而非捕风捉影、胡乱猜测。

李雄和张倩今天恰好一起到明雪家拜访。因为明雪常协助警方办案，而李雄又和明雪的爸爸是同学，所以李雄和张倩与明雪全家都极为熟识，办案时若经过明雪家，常会进来喝杯茶再走。

爸爸顺口问李雄:“里长伯伯的遗嘱鉴定官司调查得怎么样了?”

“我找过周小姐来问话。令我怀疑的是周小姐来台湾当歌手也好多年了，为什么一直没找里长伯伯相认，直到里长伯伯的告别宴上才出现呢?”

妈妈点点头:“嗯，是不太寻常。她怎么说?”

李雄依实回答:“她告诉我，她来台湾的前几年都在为生活打拼，好不容易熬到担任乐团主唱，有了稳定的收入后，才开始寻找生父;后来知道生父有庞大的家产，她反而迟疑了，怕人家以为她是为了争夺财产才出面的。里长伯伯宴客那天，她所属的乐团碰巧应邀表演，她在台上得知生父面临生死关卡，禁不住情绪激动，才出面相认。”

“难怪我觉得她的表情怪怪的!”明雪喃喃地说。

“里长伯伯开刀当天，她在病房外等候。据她表示，里长伯伯曾拉着她的手说，如果手术成功，要陪她回乡祭拜母亲，而且他已修改遗嘱，万一无法康复，会留一份遗产给她，希望她拿这笔钱整修母亲的墓。最后公布的遗产分配竟然没有她的份，她才会认为父亲的遗愿遭到篡改，因而告上法院。”李雄补充说明。

妈妈忍不住询问：“很多人谣传说周小姐是个骗子，根本不是里长伯伯的女儿。”

张倩澄清：“里长伯伯的家人提出血缘关系鉴定，因此我们比对周小姐与里长儿子的DNA，证实两人确实是共同的父亲。为了钱财而乱认亲人的事在以前很多，现在就很难得逞，因为有了DNA比对技术后，什么都骗不了人了。”

明雪则比较关心技术方面的问题：“那遗嘱鉴定结果如何呢？”

“我们找了最权威的笔迹鉴定专家协助调查，结果证实里长伯伯的签名是真的。”张倩坚定地说。

爸爸推测：“女儿是真的，遗嘱也是真的，那就是说，里长伯伯无意把财产分给她了吗？”

李雄点点头：“我也找了里长伯伯的妻儿来问话，他们说里长伯伯在宴席上就宣布不会分钱给周小姐。”

“宴席上？我们全家都在场啊！怎么没听到这句话？”妈妈怀疑地问。

李雄笑着说：“即使是同一句话，也有不同解读。根据调查结果，当天里长伯伯对妻儿说：‘虽然找到失散多年的女儿，但我在遗产分配上不会亏待你们。’他的妻儿表示，这句话说明虽然他找到女儿，仍会把财产都留给他们，不会分给周小姐。”

“好像这样也解释得通，可是我在现场听到的感觉不是这样。”妈妈微皱眉头。

李雄提出另一方的意见：“周小姐则说，里长伯伯在开刀前曾拉着她的手告诉她，虽然骨肉重逢很值得高兴，但太太跟了他几十年，对他帮助很大，他跟儿子也有相处几十年的情分，不能因为周小姐的出现，而剥夺他们应得的权益，所以打算把遗产的一成留给周小姐，其余九成仍由妻儿继承。这就是他所说的‘不会亏待’的意思。”

妈妈点点头：“这比较符合我在现场听到的感觉。”

爸爸附和道：“这也比较像里长伯伯平常处事圆融的

态度。”

李雄和张倩却一脸苦笑:“但目前没有证据能证实里长伯伯的确说过这些话……”

这时，满头大汗的明安回来了，他最近放学后就和同学去打棒球，直到快天黑才回家。见到家中有客人，他上前打过招呼，迫不及待要说说学校发生的事:“我告诉你们啊，林大显今天很丢人啊！”

爸爸伸手制止他:“没礼貌！大人们正在谈话，你一进来就打断话题。”

李雄摇摇手:“就让他说吧！他的话题绝对比我们现在谈的事情有趣。”

明安受到鼓励，兴冲冲地继续叙述同学的糗事:“林大显昨天自然科小考只考了9分，怕被爸爸骂，就自己拿红笔在分数后面加了个0，变成了90分。他拿回家给家长签名时，他爸爸正在喝茶，看到他难得考90分，一时高兴，就打翻了手中的茶，结果墨迹晕开，0竟然不见了，只剩下老师批改的9！他爸爸仔细一看，发现考卷上都是

叉叉，当下知道发生了什么事，臭骂大显一顿，还扣了他一星期的零用钱，哈哈哈！”

“应该是老师用油性笔，而大显则用水性笔，虽然看起来颜色一样，但碰到水之后，油性墨水不溶于水，但水性墨水溶于水，所以0不见了，对吧？想不到林爸爸不小心打翻茶水，就轻轻松松鉴定出真假笔迹，真是高明的鉴识人员啊！”明雪开起玩笑来。

听到这里，张倩急忙站起身来：“我马上要回实验室一趟！”

李雄惊讶地问：“你怎么啦？有那么急吗？”

明雪以为自己说错话了，紧张地看着她。

张倩解释：“不，是明安同学的例子提醒了我，签字是真的，不代表整张遗嘱都是真的，也许其中有某个部分被涂改过。我要回实验室进行层析法，看看是否有部分内容经过涂改。”匆匆说完后，张倩就告辞了。

明安不解地问：“什么是层析法？”

教化学的爸爸细心说明：“层析法的全名叫作色层分

析法，是重要的化学分析方法。层析法的种类很多，有液相层析、气相层析等，林爸爸的做法有点像滤纸色层分析法。正式做法是将色素点在纸上，把纸的末端浸泡在水或酒精中；当色素被这些溶剂带着跑时，有些色素跑得快，有些色素跑得慢，墨水里的几种色素就被分开了，形成特殊图案。各种不同厂牌的墨水即使看起来颜色相同，成分却各有不同，在溶剂中形成的图案也不一样，可用来鉴定笔迹是否来自同一种墨水。”

明安恍然大悟地点点头。

¤　　　¤　　　¤

两天后，警方公布调查报告，证实遗嘱的日期遭到篡改，有人把今年一月改成十月；换句话说，里长夫人及儿子公布的遗嘱是年初签订的，当时里长伯伯还不知道自己生病，也不知道有个女儿。

里长夫人只好承认她在里长伯伯过世后，从香炉下取出遗嘱，发现上面写着要把全部遗产的十分之一交给女

儿，其余由母子分配。因为里长伯伯资产庞大，光这十分之一也有将近1000万元，她舍不得把这些钱交给毫无关系的外人，于是偕同儿子烧毁新遗嘱，由保险箱中取出年初留下的旧遗嘱，并在日期上加了一笔。

东窗事发后，里长夫人表明愿意依照真遗嘱分配遗产，但出乎她的意料，法官引用民法规定的“伪造、变造、隐匿或湮灭被继承人关于继承之遗嘱者，丧失继承资格”条例，判定周小姐继承全部遗产。

里长夫人与儿子本可继承九成的遗产，却因一时贪念，反而全部落空，令人不胜唏嘘。

消息见报后，当天下午，张倩又到明雪家里拜访，还带了一盒甜点给明安，说：“多亏你说了那段小故事，才给了我灵感。回到实验室后我仔细观察遗嘱，心想要像你同学一样只加一笔，就让整份文件大不相同，最有可能加在哪里呢？最有可能就是修改日期，因为签名和笔迹被判定是里长伯伯亲手写的，所以遗嘱是真的。我用溶剂各自蘸取‘十’字的横、竖笔画，进行色层分析，发现果然是不同品牌的墨水写的，才证实那一竖是伪造的，案子因而宣告侦破。”

一旁的明雪摇摇头：“明安，想不到你越来越厉害了啊！”

明安抬起头，骄傲地说：“那有什么？我可是名侦探呢！”

“是是是，以后就叫你名侦探明安好啦！”明雪翻了个白眼，张倩则被这姐弟俩给逗笑了。

科学小百科

每次在侦探电影、电视或侦探漫画中，看到 DNA 鉴定是抓到凶手的重要证物，是否总让你惊呼真是太神了？你可曾想过，为什么 DNA 能使得真凶乖乖现形呢？

人体内的细胞是依分裂方式增加数目，由此形成组织与器官。细胞内含细胞核，核酸是从细胞核中取出的酸性物质，由核糖、碱基及磷酸组成，分为两种，一为核糖核酸（RNA），另一种则是脱氧核糖核酸（DNA），后者是决定遗传信息的物质。

DNA 中的碱基序列即为遗传密码，是由父亲及母亲的遗传因子所决定的，除非是同卵双胞胎，否则每个人的 DNA 都不同，这也是刑事鉴定常用 DNA 作生物证据的主要理由。血迹、精液、骨骼、肌肉、毛发等皆可提取出DNA，DNA分析技术被视为继指纹分析后，最重要的刑事科学发展技术。

忘年之交

明雪和魏柏连手破解了“受惊的蝙蝠”的案子，回到家后，把整个办案经过转述给弟弟明安听。尤其讲到魏柏伪装成路过的自行车骑士受到黑狗攻击的过程，明雪形容得精彩万分。

明雪说：“那只黑狗好凶猛啊，魏大哥竟敢赤手空拳与它搏斗，而且毫发无伤，真是太神勇了！”

明安回想起当初和魏柏大哥初识第一天，还见过他一次打倒三个小流氓呢！那一天……

¤ ¤ ¤

晚上十点多，明安从丽拉家出来，急着想回家。今天老师出的作业好难，同学们都不会做，明安和两位同学相约到丽拉家一起讨论，大家集思广益，总算把作业完成了。但抬头一看时钟，发现已超过十点，大家急忙向丽拉告辞。明安回家的路与其他人不同方向，只好一个人走。

虽然妈妈曾交代过，晚上公园里会有小流氓，不可以独自进入。但明安急着回家，不想绕路，几番思考后，为了节省二十分钟，他决定直接穿越公园。

园内有些路灯故障，漆黑一片，微风吹拂树梢，发出沙沙声响。明安不禁有点心慌，急忙加快脚步。经过喷水池时，突然前方三个人影挡住了他的去路:“嘿，小鬼！要到哪里去？”

糟糕，遇上妈妈口中的小流氓了！明安心里暗叫不妙。

为了防堵他回身逃跑，其中两个小流氓已绕到明安身后，形成三角形把明安包围在中间。明安感到腹背受敌而更加恐惧，这时，站在他面前的那人伸出手：“小鬼，你跑不掉了，身上有多少钱都拿出来！”

因为是到丽拉家写作业，所以明安出门时没有多带钱：“反正身上没多少钱，就都给他们吧！”他边想边伸手从口袋里掏出零钱，交给面前的小流氓。

“什么？只有二十五元？你把我们当乞丐吗？”小流氓生气地说。

这时，原本站在背后的两个小流氓，一左一右架住明安的臂膀，站在前方的那人则打算伸手搜明安的口袋。

明安觉得他们太过分了！嘴里喊着：“钱全都给你们了，还要怎样？”他不断挣扎着，企图挣脱两人的挟持。

站在前面的小流氓见明安反抗，就用力推他一把，其他两人则乘机放开明安，让他往后跌坐在地上。接着全部一拥而上，打算用脚踢他，明安只能用双手抱着头保护自己，完全无力还击。

就在拳脚要落在明安身上时，传来一声怒吼：“干什么！”三个小流氓吓了一跳，赶忙停止动作，往声音的来

源查看。只见一个年轻男子大步向他们走来。

三人见对方只有一人，不以为意，呵斥他：“别多管闲事！”

年轻男子回道：“三个欺负一个，我非管不可！”

小流氓们仗着人多，全部上去，打算围殴年轻男子。想不到一阵乒乒乓乓的打斗之后，三人竟然都被撂倒，落荒而逃。

男子走上前，一把拉起明安：“小弟弟，你有没有受伤？”

“谢谢大哥哥救我，我不要紧。”

男子松了口气：“那就好。我带你离开公园，这里晚上不安全，以后不要独自来了。”

两人出了公园之后，男子在路灯下检视明安的伤势：“跌倒时有点擦伤，应该不要紧，快回家吧！”

明安这时才看清男子的面貌。他脸庞瘦削，下巴上留着短须，年纪应该只有二十几岁，脖子上还挂着一部数码相机。

明安问:“大哥哥，你叫什么名字？”

男子由口袋抽出一张名片给明安:“我叫魏柏，是个私家侦探。刚刚为了查案进入公园，正好发现三个小流氓打你，不得不插手相助……现在我必须继续工作，不陪你了！”说完，魏柏又走进黑暗的公园。

明安回到家，妈妈见他手脚擦伤便关心询问。清楚受伤的原因后，除了为他擦药，也不断碎碎念，责备他不该在晚上进入黑暗的公园。等伤口处理完，爸爸赶紧带明安到警局向李雄报案，折腾到深夜，一家人才安睡。

第二天吃完晚饭后，爸爸说:“救你的那位大哥哥住哪里？我们应该当面谢谢他。”

明安找出名片来看:“柏克莱侦探社，地址是……”

爸妈买了篮水果，带着明雪和明安前去。侦探社在一栋公寓的二楼，楼下狭窄的过道里横七竖八停满了自行车。他们按了门铃，却没人回答。爸爸摇摇头:“唉！忘了事先打个电话约时间，魏先生可能外出，看来咱们白跑一趟了。”

这时正好有一名住户要上楼，他进门后反身要把大门关上。爸爸急忙用手一拦，说：“我们来拜访二楼的魏先生。”住户没说话“噔噔噔”的就上楼去了。明雪一家人走到二楼，果然看到一扇木制大门，上面镶着一块毛玻璃，喷了几个红色大字——柏克莱侦探社。

明安察看了一下，试着用手推门，好像没有上锁。爸爸想要阻止已经来不及，木门“吱呀”的一声被推开了。

里面的景象可把他们吓了一大跳！魏柏趴在地上，背后插着把尖刀，流了不少血；办公桌上的文件、电话、传真机等，都凌乱地散落一地。

爸爸弯下腰探查魏柏的鼻息：“幸好，还有呼吸，快叫救护车！”

妈妈急忙用手机向120求救，接着又打110报警。

明安蹲在地上查看散落的文件，明雪制止他：“这是刑案现场，别乱动！”

明安一脸无辜地说：“我只用眼睛看，没乱动啊！姐，你看这张纸上怎么会有黑色图案？”

因为传真机打翻在地上，整卷传真用的白纸散开在地面，纸上有一大块黑色斑点，像极了泼墨画。明雪瞪着这个图案，百思不解，未曾用过的传真纸，怎么会出现黑色污点？

这时救护车赶到，医护人员把魏柏抬了出去，李雄和张倩也率领数名警察抵达现场。

明安忧心地问道：“大哥哥会不会是因为救我，得罪了那几个小流氓，才被砍杀呢？”

李雄拍了拍他的头：“应该不是。昨晚找你麻烦的人，是一群辍学的高中生，今天中午就被我抓了，现在还在警局里接受审讯呢！”

“魏叔叔昨晚说他受客户委托，到公园查案。他随身带着相机……说不定跟这件事有关！”明安皱着眉头回想道。

李雄点点头：“魏柏的伤非常严重，短时间之内恐怕无法会客。如果能找到相机，就可以看看他拍到了什么。”

明雪则拉着张倩去看那一卷传真纸：“这个图案是怎

么来的，我还没有想清楚，不过我觉得这应该是破案的关键！”

张倩说：“嗯，我会把这些纸张带回去化验。”

这时，其他警察要拉起封锁线，所以要求明安和他的家人离开。

一家人走到楼下时，正好在狭窄的过道车阵中，遇到一个背着书包、刚从补习班下课的学生，大家只好侧着身子相互礼让。因为距离很近，明安看到那名学生的白眼球泛红。

等学生走过后，他悄声说：“那个人眼睛好红啊！”

妈妈回答：“对啊！最近台湾正流行红眼病。”

明雪脑中突然闪过一个念头，她喊道：“你们等我一下！”接着立刻跑回二楼，但门口的警察却不准她进入屋内。

她隔着封锁线呼喊张倩：“阿姨，注意找找墙角或地上有没有眼药水瓶！”

张倩闻言，就趴在地上，用手电筒照射桌子、柜子下的每个角落。不久，她果然在柜子下，找到一个被挤压变形的塑料眼药水瓶，瓶盖已掉落一旁。

李雄走上前问明雪是怎么回事。她从随身包包里拿出笔和纸，边画边解释："传真纸又称热敏纸，它的构造是在纸上涂了白色素和显色剂。白色素本来是白色，但如果和酸性的显色剂混合，就会变成蓝黑色。传真的原理就是利用热把白色素融化，让它与显色剂混合，就能显现出蓝黑色的文字和图案。"

看李雄不停地点头，明雪继续说明："可是热怎么会造成这些纸上如泼墨的图案呢？我始终想不明白。但是刚刚在楼下巧遇红眼病病人，就让我解开这个谜了！如果酸性液体直接泼在传真纸上，就能代替显色剂使它变黑；不信的话，你可以拿醋滴在传真纸上，就会看到黑色斑点。魏柏的办公室不做饭，自然不会有醋，所以我想凶手可能是红眼病病人，因为硼酸水溶液可以清洗眼睛，防治红眼病。"

在一旁聆听的张倩，这时也开口说道："魏柏既然能

一个人击退三个小流氓，可见他精于武术；无奈凶手趁他不注意时，从背后刺他，他负伤后仍与其搏斗，导致凶手不慎掉落眼药水，溅到扫落在地的传真纸上！你的推测应该是这样没错吧？明雪！”

明雪开心地拼命猛点头：“这么说，凶手可能是有患红眼病的人！”李雄沉思了一会儿，向明雪说道：“我知道了，你快随爸妈回家吧！案子若有进展，我会通知你们的！”

隔天，爸妈带着姐弟至医院探望魏柏，巧遇李雄也到医院做笔录，他顺便告知了案情的进展：“张倩从传真纸上验出硼酸，遗落在柜子下的眼药水瓶也含有相同物质，和明雪的推测一致。我们从瓶上的指纹查出，凶手是劲冠公司的工程师。整个案子的来龙去脉是这样的：魏柏的客户是劲冠公司老板，因怀疑公司内有人从事商业间谍勾当，把自家机密卖给别家公司，所以委托魏柏调查。”

瞧明雪一家人听得仔细，李雄继续叙述：“结果魏柏不但查出间谍是一名工程师，还拍摄到这人把公司机密交付别家公司的照片。工程师察觉被跟拍后，怕魏柏把照片交给老板，会害自己丢掉工作并且吃上官司，所以先下手为强，到侦探社刺杀魏柏，抢走照相机，自以为神不知、鬼不觉。因为我们从眼药瓶的指纹，迅速追查到他涉案，因为魏柏的相机还在他身上，人赃俱获，不容抵赖！当警察押着他回警局时，看到那双布满血丝的眼睛，我和张倩都不禁笑出声来。老陈啊！你这两个小孩真不简单呢！”

明雪和明安听到后，不好意思地挠了挠头，相视而笑。

魏柏经过医生的悉心治疗，半个月后就康复出院了。由于他是明安的救命恩人，所以深受明雪家的欢迎，而明安也救过他，因此他和明安结下深厚的缘分，成为忘年之交！

科学小百科

硼酸是种无色、无气味的片状或粉末状固体，具有毒性，对皮肤有刺激性。在工业上，硼酸及其他硼化合物可添加于玻璃，用以制造耐热器皿；在医学上，其水溶液可作为洗眼睛的药水。

澄清真相

自然课上，老师正在介绍呼吸的作用。

“我们在呼吸时，会吸入氧气，呼出二氧化碳，要证明我们呼出的气体中是否含有二氧化碳，可以使用澄清的石灰水，因为澄清石灰水与二氧化碳反应后，会变混浊。现在我们来动手做这个实验。”

老师手上拿着一支试管，里面是透明的液体。接着老师在试管中放入一支玻璃管，然后问全班同学：“我现在手上的试管里，装的就是澄清石灰水。有谁自告奋勇，为全班同学演示人体呼出气体与石灰水反应的情形。”

班上好多同学都争先恐后地举起手，明安和林大显也

抢着要上台。很幸运，老师点了明安上台，其他没被点到的同学不禁发出失望的叹息声。

明安兴奋地跑上讲台，老师把试管交给他，说："你对着玻璃管吹气就行了。"

明安依老师的指示，用嘴含着玻璃管，向试管内慢慢吹气，随着气泡不断吹入石灰水，原本澄清的石灰水渐渐变得混浊。

同学不禁鼓掌叫好，明安把试管还给老师后，得意扬扬地回到座位。大显不屑地说："有什么了不起，我去吹还不是会变色！"

"你……"明安觉得大显是故意泼他冷水，不禁生气极了。

"石灰的化学成分是氧化钙，溶于水之后，变成氢氧化钙，但是它的溶解度不大，所以我们要放置过夜，等到它沉淀后，取上层澄清的溶液出来做实验。当在石灰水中吹入二氧化碳时，水中会产生难溶于水的碳酸钙，所以水溶液会变混浊。"老师忙着解释刚才这个反应的原理，却发现大显和明安仍旧争论不休，立刻制止他们之间的冲突。

“其实大显说得对，任何一个人呼出的气体都有二氧化碳，所以任何人来做这个实验都可以使石灰水变混浊。”

这次换成大显得意扬扬地对明安抬了抬下巴。

老师继续说：“不过每个人肺活量不同，有的人可以很快让石灰水变混浊，有的人就比较慢。”

明安就借机呛了回去：“你的肺活量一定没有我大。”

“谁说的？”大显也不服气，“不然我们来比一比。”

欧丽拉觉得今天老师讲课的内容有点难，什么氧化钙、碳酸钙，弄得她头昏脑涨，又见他们两个男生幼稚的争吵不休，害她更难专心，就建议老师：“干脆让他们两个人比一比，输的人就闭嘴，让其他人好好上课。”

老师想了想，笑着说：“也好，那么我就把手中这管已经变混浊的溶液分成两支试管，再看明安和大显谁能更快把手中的溶液再变澄清。”

“真的可以变回来吗？”明安和大显不约而同地问。

“当然可以啊！我们呼出的二氧化碳，如果溶入水中，会形成碳酸，使水呈现酸性。水中难溶的固体碳酸钙，遇到酸就会变成可溶于水的碳酸氢钙，这样水溶液就恢复澄清了。”

老师一边解说，一边把手中的混浊溶液分成两支试管，然后分别交给明安和大显：“现在你们一人拿一支玻璃管，听老师口令，用力把气吹进水溶液中，看看谁能最快把溶液变澄清。”

老师等两人准备好了之后，大喊一声：“开始！”

明安和大显两人就拼命往试管里吹气，班上同学也分成两组，分别为他们两人加油，气氛十分热烈，比赛中的两人也卖力吹。

不过，似乎不像当初明安第一次实验时那么轻松，他们两人吹到有气无力，溶液仍然还是混浊的，渐渐的，连加油的人也累了，不再呐喊。

就在两人吹到面红耳赤、气若游丝时，终于欧丽拉叫道：“大显那一管变清了，大显赢了！”

大显终于放开玻璃管，松了一口气，却累到笑不出来，明安也不再吹气，靠在墙壁上喘气。

老师笑着说："以后谁上课吵闹，就罚他把澄清石灰水吹到混浊后，再吹到澄清。"

明安和大显这时才恍然大悟："啊，老师，原来你是故意整我们的啊！"

老师点点头："谁让你们两个爱比较，就让你们比个够呀！"

¤ ¤ ¤

放学后，闷闷不乐的明安回到家中。晚餐时，爸妈发现他表情不对，便问他有什么心事。明安老老实实把课堂上发生的事说出来。

"是你不对。"爸爸不假辞色地说，"上课不好好听讲，还跟同学争吵。老师这样做很好，不但惩罚了你们这两个捣乱的同学，也让全班同学学到更多知识。"

明安没想到，回到家又被训了一顿，心情更加低

落了。

妈妈拍拍他的肩膀说:“好啦!做错事被处罚是应该的,别再难过了。明天是周末,爸爸和我打算到莺歌去看外婆,你要去吗?”

“当然要!”一想到可以吃到外婆做的菜,明安立刻忘掉一切的烦恼。

“我也要去。”明雪盘算了一下,星期一要交的作业不多,星期天再写,应该来得及。

¤　　¤　　¤

第二天中午,一家人来到莺歌。外婆果然做了一桌菜请他们吃,这些菜都是外婆在后院自己种的,真是香甜可口,大家吃得津津有味。

明安吃到肚子鼓鼓的,直呼:“好饱,好饱。”

外婆说:“吃饱饭正好到后山走走,帮助消化啦!”

明雪和明安想到刚吃饱饭就要爬山,实在太累了,急忙找个借口:“你们大人去爬山就好,我们俩去隔壁找阿根伯。”

阿根伯是外婆家的邻居，很疼爱明雪姐弟俩，加上在“炼金梦”（详见《大家来破案3》）案子里，阿根伯的钱差点被假道士骗走，幸好明雪及时拆穿骗局，才保住他的钱，从此以后，阿根伯和姐弟俩更加亲密，每次他们到莺歌，总要找阿根伯聊天。

爸爸便说：“好，等我们下山再到阿根伯家找你们。”

姐弟俩听到可以不必爬山，好像逃过一劫似的，立刻溜到阿根伯家。

阿根伯穿着厚厚的外套，手里拿着拐杖正要出门。看到他们，便说：“你们来啦？真不巧，我正要出门去听巡回医疗团卖药。”

“巡回医疗团？”姐弟俩不解。

“是啊！只要坐着听就会赠送牙膏、肥皂，这附近很多老人闲来没事，都会参加的！”阿根伯边说边锁好门往外走。

明安低声问姐姐：“跟不跟？”

“跟啊！不跟就要爬山了。”

于是两人快步跟上：“阿根伯，我们俩也可以一起听吗？”

“当然可以，人人有份，只要去听的，都有赠品。像我老了，整天没事做，去听人说话，可以打发时间，又有赠品可拿。”

卖药的现场在生鲜超市隔壁，位于马路边的一楼，走进玻璃门后，里面摆满了椅子，前面有个讲台，讲台边有张桌子摆满了药品和赠品。有七成的座位都坐了人，每个人一进门就收到赠品，今天赠送的是小包洗衣粉。

眼看观众都坐定之后，就有一位身材瘦削、皮肤黝黑的男子走到台上，拿起麦克风亲切地问候长者，接着说：“本公司最近发明一种药水可以检查各位的身体是不是健康，只要一分钟，立刻诊断出你身体的毛病。在座各位长辈，有没有人要试试？”

由于没有人回答，主持人便决定利诱：“第一位上来的长辈，我们赠送你一个脸盆。”

就在这时候，阿根伯突然站起身来，把明雪和明安吓了一跳。

主持人把阿根伯请上台，然后从桌子上一个水壶中倒了一些水到杯子里，并放入一支吸管："阿伯，你用力向水中吹气一分钟，本公司发明的这种神奇药水就可以诊断出你的身体有没有毛病。"

阿根伯依言用吸管往杯里吹气，一分钟后，杯中的水就变混浊了。台下观看的老人都惊呼连连，对这种神奇的现象议论纷纷。

主持人做出夸张的表情，大声说："哎呀呀！你们看，才一分钟，水就变脏了，可见你的体内有很多毒素。阿伯，你是不是经常腰酸背痛，感冒头晕？"

阿根伯点点头说："对啊！你怎么会知道？"

"看你呼出来的气，毒素这么多就知道啦！你想想看，这些毒素吹进水里，水就变脏，如果流到你身体的各个器官，还能不生病吗？"

"就是嘛！好可怕！"台下的老人显然感同身受。

明安拉拉姐姐的袖子，低声说："姐，我知道他的诈骗手法喔！"

明雪笑着点点头说："我也知道。"

主持人又拉开嗓门说："各位今天运气好，才能参加本次的巡回医疗团。本公司最新发明一种药，恰好可以清除体内毒素。"

说着他由桌上排列的药中，取出一瓶药水，打开瓶盖后，稍做停顿，说："请注意看这种神奇新药的解毒功能。"

确认在场的每一双眼睛都在看他之后，主持人将手中的药水慢慢倒入混浊的水中，说也奇怪，原本混浊的水立即恢复澄清。

在场老人又是一阵惊呼。明安这时皱着眉说："这一招我就看不懂了，我只会不断吹气，吹到面红耳赤，混浊的水还是很难变澄清。"

明雪悄悄地说："我知道他在玩什么把戏，等一下他一定会乘机卖药，我会想办法阻止他，你出去打电话报警，顺便到隔壁超市帮我买一瓶白醋，快去！"

明安不知道姐姐要白醋做什么，不过他知道必须立即采取行动，于是一溜烟就跑出门外。

这时候，主持人又对着台下大吹大擂：“你们看，本公司的药这么有效，你只要吃完一瓶，保证帮你消除体内毒素，今后都不生病。”

许多老人纷纷掏钱准备买药，连原来没打算要买的阿根伯在看到神奇的实验之后，也不禁心动想要掏钱。

明雪一看，觉得事不宜迟，便大喊一声：“等一下。”

明雪说：“我也想测一下有没有毒素。”

明雪急忙跳上台去，对着麦克风说：“各位长辈，刚才主持人用实验证明他们公司的药可以清除毒素。请各位先看我的另一项实验，再决定要不要买他们的药。”

这时所有老人都把拿钱的手缩了回去，并说：“看看这位小姐要做什么实验再说。”主持人只能尴尬地站在一旁。

明雪先学主持人刚才的做法，从水壶中倒了一杯水，然后问主持人说：“你要不要吹吹看？”

主持人生气地说:“不用，我吃本公司的药，不会有毒素。”

“那我只好拿自己作为检验对象啦！”

同样的，在她吹气约一分钟之后，水也变混浊了。

仍然站在台上的阿根伯怀疑地说:“明雪，你那么年轻，就有那么多毒素啊！”

主持人冷笑一声说:“快向我买药吧！算你便宜点儿。”

明雪看到明安已经买到白醋而且回来了，便说:“我不必用贵公司的药水哦，我用普通的白醋就可以破解这种毒素。”

说着她接过白醋，展示给众人看之后，当场打开瓶盖，然后把醋慢慢倒入混浊的水中，说也奇怪，竟然和刚才一样，混浊消失，恢复澄清。

“怎么会这样？白醋也有解毒效果吗？”现场没有一个人弄得懂是怎么回事，连明安都挠着头，搞不懂姐姐是怎么办到的。

明雪见警察到了，便壮起胆子，对所有老人说:“这杯水变脏，和毒素一点关系也没有，这杯是石灰水，我们人呼出的气体都会有二氧化碳，所以无论谁来吹都会变混浊。”

台下老人你看我，我看你，没有人听懂明雪在说什么。倒是阿根伯了解明雪的意思，他大声解释：“他们是骗人的！”

老人们听懂了，咒骂着离去，警察也把一伙骗子押走，现场那些药物也全被当成证物没收。

明安不肯罢休：“姐，你一定要教我，为什么我吹了老半天，混浊的石灰水都很难变澄清，你却用一杯白醋就解决了？”

明雪笑着说：“你们老师不是说了吗？二氧化碳进入水中，会使水变酸。你们吹气的目的也不过是使水变酸而已，我用醋就解决啦！刚才那个骗子的药水一定也是酸性的啦！”

明安紧握手中的半瓶白醋，不怀好意地笑着说：“嘿嘿，星期一再去找大显比赛。”

科学小百科

石灰水中主要的成分是氢氧化钙［$Ca(OH)_2$］，遇到二氧化碳（CO_2）会变成碳酸钙（$CaCO_3$）。因为碳酸钙难溶于水，所以水溶液会变混浊。

如果继续吹入二氧化碳，溶液 pH 值变小（石灰水的碱性减弱），碳酸钙变成可溶于水的碳酸氢钙［$Ca(HCO_3)_2$］，于是水溶液就恢复澄清了。

如果在混浊的石灰水中直接滴入酸，酸会与碳酸钙反应，冒出二氧化碳气体。等碳酸钙作用完，溶液也同样恢复澄清。这个反应和盐酸滴在大理石地板上，会使地板冒泡的反应一样。

“金”爆危机

今天最后一堂课是历史课。

课程内容正好讲到火药的发明。历史老师滔滔不绝地说道：“火药是中国人发明的，是炼丹道士想炼制长生不老药时，不小心发现的。当蒙古人入侵时，宋朝的军人便用火药制成武器，对抗蒙古人。当时所用的火药，又称为黑火药，是由硫黄、木炭及硝石制成的。蒙古人建立元朝后，又用火药制成的武器攻打中东及欧洲各国。火药的技术因此传播到中东及欧洲。”

这时奇铮忽然举手问：“为什么叫黑火药，有其他颜色的火药吗？”

历史老师愣了一下才说："这些问题去问化学老师。"

下课后，明雪走到奇铮面前，揶揄他说："如果你拿这些问题去问化学老师，铁定被骂，说不定还扣你分数。"

奇铮问："为什么？"

"木炭是什么颜色？"

奇铮说："黑色的啊！"

"那黑火药名称怎么来的还不清楚吗？"明雪笑着说。

"可是还有黄色的硫和那个什么色的硝石啊？"

"硝石就是白色的硝酸钾啦，你连这个都忘记，当然会被老师骂。"

"既然有黄色的硫，为什么不叫黄火药？"奇铮依然不服气。

"因为木炭的颜色最深，把其他两种成分的颜色压过去了嘛！何况黄色炸药是另一种化合物三硝基甲苯的俗称，要到十九世纪才被发明出来。这是两种完全不同的炸药好吗？"

奇铮撇了撇嘴，不屑地说："哼！谁像你把各种炸药记得那么详细！”

回到家中，正好赶上晚餐时间，一家人围着吃饭，聊起今天各自发生的事。明雪便把最后一堂历史课发生的事，说给大家听。

爸爸听完之后说：“有时候学生如果一直追问火药的事，也不免令我提高警觉。我记得有一年，虽然不是我班上的学生，不过是我们学校的学生。他当时一心想做炸弹，向他的理化老师请教火药制作的方法，老师不肯教他制造的细节。结果他竟然照书上所写的材料，自己到化工材料店购买原料，就在他们家的顶楼组装，结果不小心发生爆炸，把自己的两根手指头炸断了。”

“哇，好惨！”餐桌上的每个人都发出叹息声。

妈妈抱怨说：“怎么在吃饭时谈这个呢？好啦，大家都吃饱了吧，要谈到客厅谈，明雪把冰箱里洗好的葡萄拿出去给大家吃。”于是一家人转移阵地，到客厅聊天。

明安对刚才谈的话题仍然不肯放弃，说：“爸，他的手后来治好了吗？”

“当然没有，听说小指和无名指都炸烂了，怎么治？医生只能帮他止血，防止发炎而已。”

明安吐吐舌头：“啊，火药好可怕啊！”

明雪乘机告诫弟弟说：“没有老师的指导，就冒险进行危险实验，才会发生这么可怕的后果。”

明雪问：“你还记得他是用什么火药进行试爆吗？”

“就是最简单的黑火药啊！”

“那种古老的配方，威力应该不会很大吧？”明雪表示怀疑。

“你可千万不可对它掉以轻心，现在很多爆竹或烟火，仍然使用黑火药，通常用于庆典。大家以为它没有什么杀伤力，其实不然。像2013年波士顿马拉松爆炸案，事后调查发现，歹徒是用商店里买回来的烟火，取出其中的火药后，再制成炸弹。可见他们用的火药仍然是黑火药或同类的火药，但是威力强大，造成很大的伤害。”

这时突然一声巨响，房子也跟着一阵摇晃。一家人面面相觑，不知发生了什么事。不久之后，听到救护车及警车鸣笛呼啸而过。一家人不免有点焦躁，打开窗户往街上瞧，又没有什么异状。

妈妈担心地说：“听那声音，好像爆炸，会不会我们这个小区也像高雄及新店一样发生气体爆炸？”

爸爸说：“打开电视看看有没有报道！”

眼尖的明安指着电视画面下方的流动小字说：“你们看，新闻里说，我们这一区某栋商业大楼发生了爆炸，有一人受伤送医，警方正在调查。”

明雪说：“我想打电话问李雄叔叔或张倩阿姨，看看是怎么回事。”

妈妈急忙制止：“我们这一区发生爆炸，他们两个人一定忙坏了，这时候打电话去，直接干扰他们办案，岂不是比看热闹的人还可恶？”

明雪虽然很想知道案情，但是妈妈说得有理，她只好乖乖回屋写作业。

第二天早上，她翻阅报纸上的地方版，只知受伤的人是一位姓廖的女律师，案发当时，她收到一个包裹，不久

就发生爆炸。警方正在追查递送炸弹的歹徒，但目前仍无线索。

这一整天上课，明雪都如坐针毡，好不容易熬到放学，她恨不得立刻一溜烟跑到警局鉴识科找张倩，不过就在她走出校门时，手机发出来铃声，是张倩打来的。

张倩在电话里笑着说："我很纳闷，爆炸案发生后隔了将近二十小时了，你怎么没有打电话来？"

明雪扮了个鬼脸说："没办法，妈妈不准我打。我正要赶到你那儿去呢！"

张倩说："你不用来了，我正要过去呢，这个案子牵涉到一些化学问题，我想找你爸爸讨论一下。"

"太好了，我马上回家。"于是明雪三步并做两步走，急忙赶回家。

¤ ¤ ¤

一到家，爸爸、李雄和张倩已经坐在客厅中谈话了，明安也在一旁边吃水果边听。明雪打过招呼后，坐在一旁聆听。

李雄正在说明歹徒犯案的经过:“歹徒是在钢管中放入火药，然后放在包裹里送交廖律师，接着歹徒遥控引爆火药，将她炸伤。”

张倩道:“今天来是要请你提供化学方面的专业见解。我们鉴识科首先要弄清楚火药的种类。除非是军方或矿业的人，才会使用黄色炸药。一般人不容易取得这种炸药，所以通常会从爆竹中取出黑火药，再制成炸弹。我们取了本案炸碎的碎片，经检验，并没有残余火药，用水溶液清洗碎片及爆炸后的残余粉末，分析其中所含离子，结果发现不含硫。”

爸爸惊讶地说:“不含硫?那就不是黑火药了。”

张倩点点头:“我们怀疑歹徒使用的是黑火药的替代品。”

明雪好奇地问:“为什么需要用替代品?”

张倩说:“因为黑火药稳定性差，威力也不够，所以有人发明了许多种替代品。最常见的就是用有机酸作为燃

料，替代原有的木炭和硫。我们怀疑这起爆炸案也是用这类黑火药替代品，只是不知道是用哪种有机酸作为燃料。”

爸爸伸手向张倩要资料：“我可以看一看分析的数据吗？”张倩把报表交给了爸爸。

“产物有苏糖酸、二酮古洛糖酸及草酸……”爸爸喃喃地念了一串明雪听不懂的化合物名称。然后他沉思了好一会儿，抬起头对张倩说，“从这些产物看来，燃料可能是抗坏血酸。”

“抗坏血酸？那不就是维生素C吗？那是营养素，怎么可以做火药？”明雪惊讶地问。

爸爸耐心地为她解释：“药厂宣传维生素C的保健功能，不是都说它是抗氧化剂吗？换句话说，在氧化还原反应中，它扮演还原剂的角色，对不对？”明雪点点头。

“爆炸就是快速的燃烧，其中燃料扮演什么角色？”

明雪毫不迟疑地回答：“还原剂。”

爸爸点头微笑不语，明雪忽然就懂了：“我知道了，维生素C在爆炸时以及在人体内扮演的角色都是还原剂，只是爆炸速率快得多。”

爸爸笑着说：“完全正确。”

明安不耐烦听这些艰深的化学知识，便问李雄：“叔叔，要破案一定要懂那么多化学知识吗？不能靠包裹上留下的指纹追查歹徒身份吗？”

张倩摇摇头说：“找不到指纹。”

李雄说：“因为歹徒戴了手套，电梯里的监视器录到了歹徒送包裹的身影，来，我播放给你们看。”

李雄从手提电脑中，播放录像给大家看。歹徒一身蓝帽蓝衣，打扮成快递人员，但因为戴着口罩，不容易辨识面貌。而且歹徒双手果然戴着白色棉布手套，捧着包裹。

明安却大叫一声：“咦？叔叔，停格，你们看他的左手。”

李雄急忙按暂停键，把画面停住，然后放大局部特写，仔细观察歹徒的左手。虽然经放大后，画面不是很清楚，但仍可感觉歹徒的左手手套在无名指及小指的部位不太正常，似乎是枯瘪下垂的。

爸爸惊讶地说："明安，你的观察力真强，这个人是不是没有左手的无名指及小指？我的天，难道是……"

李雄急忙问："是谁？"

爸爸急忙把多年前试爆的那名学生，因事故而炸断两根手指的事，简单描述了一番。

于是李雄用电话与警局里的同事联络，不久后，资料就传进他的手提电脑。"嗯，那个学生叫杨建洲，当年爆炸的公寓在新崎路……唉，那就对了，因为廖律师的办公室虽然在这附近，但家住在新崎路。而且当年鼓动住户向杨家要求补偿的就是廖律师。犯罪动机也有了，疑犯就是报复当年廖律师的行为，造成杨家倾家荡产，还被迫搬家。"

李雄关上笔记本电脑，站了起来："有了姓名，就可以查出疑犯现在的住处，我要去抓人了。"

明雪和明安请求爸爸让他们跟着去。

爸爸说："现场可能有歹徒使用的爆炸物，太危险。"

张倩说："我会等确认现场安全后，才让他们进来。这次能由疑犯断指特征认出他的身份，都是明安的功劳，应该让他去看看。”

由于张倩的求情，爸爸终于答应让他们跟着警车到现场去。

李雄在警车上就用无线电向检察官申请搜查令，由于爆炸犯太危险，检察官很快就批准，同时局里另一批警员也已赶往现场包围。

明雪和明安坐在警车里，看着几名壮硕的警员踢开大门，冲进去搜索。几分钟后，李雄出来请张倩进去搜证。

张倩对明雪和明安说：“跟着我来吧！”

他们三人进到屋内，看到许多警员翻箱倒柜在搜索证物。李雄指着桌子上一堆瓶瓶罐罐等化学器材，说：“看来这家伙仍然沉迷于火药的研究，你们看看是不是这次爆炸用的火药。”

张倩拿出其中两个瓶子看了看之后说：“你爸爸猜得没错，其中一种原料是维生素C。”

她把两瓶原料用塑料袋封好，放入证物箱里。接着她

又看看研钵里混合好的成品，是金黄色粉末，肯定地说："嗯，一种白色原料，一种淡黄色原料，做好的成品就是这种金色火药了。队长，铁证如山，我敢说这次爆炸案就是杨建洲干的。"

这时，有位警员由抽屉中找到一本笔记本，立刻大声报告："队长，你该看看这本笔记，里面有许多人的姓名和住址，其中有廖律师和林警官的。"

林警官先接过去看了以后，大惊失色："队长，这里面全是当初对杨家要求补偿的住户名单，其中有些人已经搬家，杨建洲也都调查出每个人的工作地点及家庭住址。"

李雄也很紧张："天啊，这家伙打算对所有当年那件案子中对他不利的人进行报复吗？廖律师只是第一个受害者而已，他现在说不定正准备加害第二个人。立刻通知各辖区警员前往保护被害人，同时把杨建洲的照片公布出去，见有装扮成快递人员运送包裹者，立刻拦下盘查，务必要抓到这个家伙。"

科学小百科

抗坏血酸就是维生素C，是天然的抗氧化剂。纯的维生素C是白色固体，但常含有杂质，而呈淡黄色，所以某一种添加了维生素C的汽水就呈现金黄色。维生素C溶于水会呈现酸性。人体如果缺少维生素C，就会得坏血病。你现在知道它的名字是怎么来的了吧。

维生素C经反应后，会降解生成二酮古洛糖酸，然后再分解成为苏糖酸及草酸。所以，如果用维生素作为火药，主要产物当然是二氧化碳和水，但是爆炸发生在极短时间，必然不可能完全反应，所以在产物中就会找到这些酸。

口水之战

明雪正在上生物实验课，今天老师要演示的实验是“淀粉水解”。

老师先讲解实验原理：“淀粉是有许多葡萄糖聚合而成的大分子，在口腔中会被唾液里的酵素分解而变成麦芽糖。麦芽糖是由两个葡萄糖分子构成的，如果再结合其他酵素，就可以把麦芽糖变成葡萄糖，被人体利用。所以吃饭时要细嚼慢咽，让唾液里的酵素发挥作用，这样才能好好消化。”

这时，雅薇指着奇铮说：“老师，奇铮吃饭好快，根本没有嚼碎，就吞进肚子里去了，这样是不是代表他没办

法消化？”

老师望着一脸尴尬的奇铮，笑着说：“当然不是完全无法消化，其实胰脏也会分泌同一种酵素，在小肠帮忙分解未消化的淀粉。只是淀粉如果能在口腔里停留得久一点，胃肠的负担会比较轻，对食物的消化与吸收都有好处。好了，我们现在要开始做实验了，首先需要收集一些口水。”

老师手上拿了一个空的小烧杯，说：“有谁要捐出口水让我们做实验的？”

同学们都做出恶心的表情，没有人自愿往杯里吐口水。

老师只好把小烧杯交给奇铮：“既然你平常都狼吞虎咽，没让口水发挥功用，今天就拿你的口水来做实验好了。让你亲眼看看口水的神奇功能。”奇铮无奈，只好乖乖照做。

老师接过小烧杯后，先放在一旁。然后她取出两支试管，用油性笔在试管外分别写上“甲”和“乙”两个字。

接着她取出事先煮好的淀粉液，在两支试管中各加入约两毫升的淀粉液。

惠宁轻声对明雪说："淀粉液看起来好像稀饭的汤汁啊！都是白色又有点混浊的液体。"明雪瞪了她一眼说："因为稀饭的汤汁本来就是淀粉液啊！所有米、面及马铃薯等主食都含大量淀粉。"

这时老师在两支试管中各加入几滴氢氧化钠及两毫升的蓝色溶液，两支试管内的溶液都变成了蓝色。

老师边实验边说明："这种蓝色水溶液称为本氏液，可以用来检验葡萄糖。现在试管里只有淀粉，没有葡萄糖，所以呈现蓝色。等一下如果哪一支试管的淀粉被分解了，就会出现红色沉淀。"

接下来老师把小烧杯里的口水慢慢倒入甲试管，用玻璃棒搅拌，使溶液均匀混合。在乙试管中加入等量的水，然后把两支试管同时放入一个装了半杯水的烧杯中浸泡。接下来，老师用酒精灯加热这杯水，当水接近沸腾时，同学们就发现甲试管出现红色沉淀，而乙试管中的溶液仍然

是蓝色的。

老师说:“这证实口水中的酵素可以帮助淀粉水解。奇铮，以后吃饭要细嚼慢咽，让你的口水帮助消化，知道吗？”

奇铮尴尬地点点头。同学们则忍不住挖苦他:“哇，奇铮，你的口水好厉害啊！”

¤　¤　¤

放学之后，明雪和弟弟明安相约到夜市吃饭。因为爸妈今天有事到台中，会很晚才回台北，妈妈交代他们要在外面吃饱再回家。两姐弟经过讨论，决定去吃排骨面。姐弟俩边吃面边聊学校的趣事，明雪谈起今天在生物实验室发生的事，明安虽然不懂其中的原理，也听得津津有味。

他们吃完面，走出店门后顺便逛街，看看有什么新奇的商品可买。

明安突然指着一家店说:“我想喝粥。”

明雪不可思议地问：“你有没有搞错？我们才刚吃完面呀！”

明安坚持说：“我们吃的排骨面是小碗的啊！我等一下就会饿了，我要买粥回去当夜宵。”反正妈妈给的晚餐钱还剩下一些，明雪就付钱外带一份粥。

姐弟俩回到家时，天色已经暗了。两人走上三楼公寓，明雪用钥匙打开铁门时，察觉不对：“奇怪！只锁了一道门，难道爸妈回来了吗？”

因为他们家的防盗门有三道锁，如果所有家人都外出，最后一个离开的人一定会把三道门全锁上。除非家里有人，才会只把铁门拉上，也就是明雪所说的只有一道锁。

明安说：“不可能，爸妈在台中喝完喜酒才会回来，现在他们一定还在台中！”

明雪狐疑地转动木门把手，发现没有上锁，一下就推开了，而且出乎意料，竟然和一名陌生中年男子面对面。那人留着平头，身穿灰色T袖，领口滚着黑边，男人的

手上还戴着棉布手套。两人对看了约一秒钟，那名男子突然冲了过来，明雪急忙退出门口，同时将木门关上，迅速将铁门也关上，并且用钥匙迅速锁上三道锁，并向弟弟大叫："快打电话报警，家里有小偷。"

十分钟后，李雄率领林警官迅速赶到现场。

他安抚姐弟俩："没关系，现在可以把门打开，让我们进去抓人了。"

明雪依言把铁门的锁打开，李雄指示她带弟弟退到一旁，接着他和林警官两人冲进屋里搜索，但是屋子里已经空无一人。

林警官退到屋外，招呼姐弟俩进到屋里："你们这样做很对，发现家中有窃贼时，先退到屋外，保护自身安全，然后报警，由警方处理。现在小偷已经不在屋内，可能是由窗户爬水管下楼逃走了。"

明雪和明安把刚才撞见小偷的经过描述了一番，林警官也都记录了下来。

李雄仔细观察了屋内的情形后，对姐弟俩说："铁门没有被破坏，但是你们习惯锁的三道锁只剩一道，木门的锁也已打开，可见歹徒是用工具把锁拨开的。你们爸妈房间有被小偷侵入的迹象，许多抽屉已被拉开，小偷应该已经拿走一部分财物，正要由客厅离开，结果你们正好回家。他见行踪败露，而且你们堵在门口又报了警，所以由窗户逃跑。我已经通知鉴识科的张倩前来搜证，现在我和林警官会去调阅附近街道的监控录像，看看有没有录到小偷的身影。你们先用手机通知爸妈，请他们回来清点财物损失。现在你们乖乖留在家里等张倩来，我会请辖区警员加强附近巡逻，你们不用担心。”

李雄交代完之后，就带着林警官离开。明雪和明安两人对看了一眼，叹了口气：“竟然有小偷敢来偷我们两名小侦探的家，真是有眼无珠，不识泰山。不过，我看那个小偷戴着手套，应该没有留下指纹，就算张倩阿姨来也没招吧。”

明安说：“姐，趁张倩阿姨还没到之前，我们先自己搜证，一定要把那个小偷抓到，让他后悔莫及。”

明雪说:“我们不可以乱动刑案现场。”

明安说:“我们看看家里有哪些地方异常就好，到时候可以提醒阿姨注意。我们不要去移动证物。”

明雪也觉得这样做应该没问题，于是两人仔细观察家中各项摆设与平常有什么不同。但是看来看去，只有爸妈住的主卧室抽屉被打开，其他房间都没有被触碰的迹象。

两人绕了一圈，没有任何收获，无奈地回到客厅，泄气地坐在沙发上。

这时，明安突然看到茶几底下躺着一个矿泉水瓶。明安立刻蹲在地上仔细观察那个瓶子:“姐，你看这瓶矿泉水是我们家的东西吗？”

明雪也低下身去瞧:“我们都喝自己家里的水，不会买矿泉水回来喝，但爸爸的汽车加油时，有时候会收到加油站赠送的矿泉水，有可能是爸爸带回来的。不过，我们不会把瓶子扔在地上不捡起来，我觉得这是重要证物。”

姐弟俩精神大振，明雪立刻跑回自己房内，取出自备的搜证工具，戴上橡胶手套，小心翼翼地捡起水瓶。发现瓶口已被旋开过，水也只剩一半，显然有人喝过。

这时，门铃响起，明安跑到木门旁边，透过门上的猫眼观察，说：“是张倩阿姨。”

他兴奋地把门打开，张倩进到屋里，听完他们描述的情形后说：“嗯，如果你们的判断没错，小偷戴了手套，应该没有留下指纹。现在要寄望于这个瓶子了，如果小偷喝过这个瓶子里的水，一定会留下唾液，很有可能由唾液中取得他的DNA。不过，现在还不确定他有没有喝过。”

明雪自告奋勇地说：“阿姨，我来取证，然后你带回实验室去检验，好不好？”

张倩点点头说：“好。我现在教你怎么做，你从工具箱里取出两支棉花棒，第一支用工具箱里那瓶消毒过的蒸馏水弄湿之后，在瓶口外滚一圈，然后放进塑料袋里；第二支直接在瓶口外滚一圈，也放进塑料袋里。”

明雪依照张倩的指示，完成了取证工作。张倩止要把两支棉花棒放入手提箱中时，明雪又提出了她的要求：

“阿姨，能不能留一支棉花棒让我先检验是不是含有唾液，如果没有唾液的话，也不会有DNA，带回实验室也没有用。”

明安好奇地问：“姐，你是不是要用今天你们生物实验用的那个什么本氏液来检验？”

明雪说：“不用那么麻烦的，我们现在不必证明淀粉水解后会出现糖，只需要证明有没有口水就好了。所以用你买的粥，加上急救箱里的碘酒就可以了！”

张倩听完大为赞赏：“明雪，你的化学真不错。你说得对，唾液里有一种酵素，叫淀粉酶，可以把淀粉分解成比较简单的糖。所以用淀粉及碘液就可以检验是否有唾液存在。好，那么，明雪你拿其中一支棉花棒去做实验，我在旁边看着，记住，棉花棒上的唾液一定很少，所以你的淀粉液一定要很稀。”

明雪点点头表示了解。接着她一边做，一边解释给弟弟听：“现在我从阿姨的工具箱里拿出一支试管，在里面加一些水，然后滴入一滴粥，搅拌均匀，这就是稀薄的淀粉液，然后加入一滴碘酒，你看，整个淀粉液变成蓝黑色的，这是碘与淀粉反应的结果，表示试管里有淀粉。接着我把采证过的棉花棒剪断，让棒头的棉花落入蓝黑色溶液中，接下来就等候看它的颜色会不会褪去，如果会，就表示棉花棒上沾有口水，所以淀粉被口水里的酵素分解了；如果不变色，就表示没有口水。”

张倩说：“好，这个反应在室温下，大约要三十分钟才能完成，现在你们先回到自己房间，等我做完搜证工作后，再来看看有没有发生颜色的变化。”

姐弟两人依言回到自己房间写作业。约半小时后，张倩请他们回到客厅：“果然如你们的判断，小偷没有留下指纹。”

姐弟俩早就预料到会有这种结果，所以他们一点儿都不感到惊讶，反而急忙要看茶几上那支正在进行实验的试管，发现它的蓝黑色已经褪去，现在呈现的是淡黄色。

明雪兴奋地大喊：“太棒了，淡黄色是碘在水中的颜色，表示淀粉已经分解。哈哈，笨小偷不但偷走钱财，还

偷喝了这瓶水，他留下了最重要的证物——DNA，再也赖不掉了。”

张倩也很高兴：“我会把另一支棉花棒带回实验室，分析其中的DNA，大约两天以后就可以知道结果。”

张倩离开后没多久，爸妈也赶回来了。经过清点，发现失窃的现金只有几千元，另外妈妈的首饰也不见了，价值几万元，幸好损失不严重。

两天后，李雄叔叔通知妈妈去认领首饰。全家人听说案子破了，很高兴地陪妈妈到警局去。

李雄和张倩都在，李雄说：“我们调阅当天晚上的街头录像带，发现在案发时间点，有一个名叫廖长昌的惯偷，匆匆由你们家后面的巷子跑走。于是找他来谈话，但是他坚持不承认曾到你家行窃，由于证据不足，一时无法逮捕他，本想找明雪来指认，但是张倩说她手上有王牌，只要先采集廖长昌的DNA做比对就可以了。”

张倩说：“我带回来分析其中的DNA，结果与廖长昌的样本相符，铁证如山，这就是我的王牌。”

科学小百科

唾液是动物口中的液体，由唾液腺分泌，俗称为口水。人类的口水中99.5%是水（所以口水是个很恰当的名称），其他成分则包括电解质、黏液（由糖蛋白及水组成）、酶（就是酵素）及杀菌成分。

人类和某些动物的口水中含有一种称为淀粉酶的酵素，可以加速淀粉分解为麦芽糖的反应，可以帮助消化。像米饭及甘薯等富含淀粉的食物，在咀嚼时会出现甜味，就是因为淀粉酶把淀粉分解为麦芽糖的缘故。这些酶也可以帮忙分解卡在牙缝里的食物碎屑，避免蛀牙。

此外，口水里的黏液可以作为润滑剂，避免我们在吞咽食物时，喉咙被刮伤。

巧验铁剂

星期六早晨，明安到公园打完棒球后回家，过马路时，左方突然有一辆银色跑车疾驶而来，差点撞到他，车没有减速，竟继续往前开。

明安被汽车卷起的气流吹得踉踉跄跄，差点站不稳，他抬头看了一下对街的红绿灯，明明自己这个方向是绿灯啊！对方怎么可以闯红灯？他不禁抱怨道："不守交通规则的冒失鬼！撞到人怎么办？"

回到家中，见到家人正聚在客厅，看电视播放的新闻快报，他便凑到姐姐身边问："发生了什么事？"

明雪说："新闻说有人越狱了。一名犯人逃出监狱，

驾车……”

妈妈挥手制止他们讲话：“别只顾着说话，现在要播放监狱四周监视器拍到的画面了。”

明雪和明安都闭上嘴，转而专心地观看电视播出的画面，只见一名体型略胖的男子，沿着监狱围墙奔跑，跑到一辆停在路边的跑车旁，迅速打开左侧车门，坐了进去，随即发动汽车，扬长而去。

后面有两名警察追赶，其中一人拔枪，向车子的后挡风玻璃射击，但车子仍然加速往前冲，迅速驶出监视器的画面之外。

“你们看！犯人跑到车旁，毫不迟疑地拉开车门，迅速发动车子开走，他怎么知道那辆车没有锁？而且，他似乎没花时间开锁，就直接开走，说不定钥匙就插在车上！这分明是计划周详的越狱行动，那辆车一定是同伙事先放在那里的。”明雪头头是道地分析。

明安点点头，表示同意，沉吟片刻之后，他问：“越狱发生在几点钟？犯人又是从哪个监狱逃出来的？”

“案子是今天早上发生的，这是新闻快报啦！”爸爸已经看过完整的新闻报道，就详细描述了案发时间和地点，并问，“怎么啦？”

明安说：“我刚才在回家的路上，差点被一辆闯红灯的I牌银色跑车撞到，那辆车和电视上出现的车子是同一款的。从时间和距离来算，那辆跑车如果离开监狱后，一路往西开，现在差不多就跑到我们这一区，不知道是不是同一辆呢！”

明雪不禁摇头苦笑，弟弟从小就爱看汽车图集，对各种品牌的汽车了如指掌，才能瞄一眼就记住车型。这件事如果发生在自己的身上，恐怕完全分辨不出是哪一个品牌的车。

妈妈说：“那你赶快打电话告诉李雄叔叔，这个信息对警方一定很有用。”

明安于是拨电话给李雄，除了描述车型及目击地点之外，他甚至连对方的车牌号码都记得：“不知道犯人开的是不是这辆车。”

李雄听了很高兴:“哇！太好了，犯人开走的就是这辆车。我们正想调阅沿途的路边监视器，找出犯人的逃亡路线，你提供的信息让我们知道了他是往西开，我们只要从你目击的地点开始找起就可以了，能节省很多时间！我会通知附近的警员，注意这辆车是不是在辖区出现。谢谢你！”

这时妈妈关上电视，宣布开饭:“吃午餐了！下午要到舅舅家。”

舅妈去年生了一个小男孩，名叫智凯，现在已经一岁七个月了，非常可爱，妈妈有时会买些衣服或零食给他，顺便和姨婆、舅舅聊天。明雪和明安也喜欢和智凯玩。

今天下午约好要一起去舅舅家，吃过午饭后，一家人正准备要出门时，忽然电话响了。明安一个箭步跑过去接听，是鉴识专家张倩打来的。

“明安，是李队长要我打给你的。因为你提供的线索，让警方迅速掌握了犯人的逃脱路线，我们在附近加强巡逻的结果，发现这辆车弃置在你们这一区的路边，但是犯人不在车中。我现在要赶过去搜证，因为你对侦探工作很感兴趣，李队长要我通知你，为了奖励你，可以让你到现场看我搜证，你姐姐也可以一起来哟！你们有空吗？”

明安连忙说：“有空！有空！当然有空！张倩阿姨，你告诉我犯人的车停在哪里，我们马上过去。”

妈妈在一旁听出是怎么回事，皱着眉说：“什么有空？不是说好要到舅舅家吗？爸爸已经到停车场开车了呀！你们要放他鸽子吗？”

明安这才想起和妈妈约好要出门的事，他挠着头苦笑，不知如何是好，因为他真的很想看刑事现场搜证。

明雪急忙出来打圆场，其实她也很想看刑事案件的搜证工作，就说：“妈，既然那辆车就在附近，我和弟弟去看一下，然后自己搭地铁到舅舅家和你们会合，好不好？”

妈妈只好无奈地答应了。

¤　¤　¤

姐弟俩走到张倩所说的地点，现场已拉起封锁线。

由于张倩交代过，所以维持秩序的警员就让他们进入封锁区。

那辆银色跑车停在路边，后挡风玻璃破了一个洞，四扇车门全打开，张倩正蹲在车子旁边工作。她看到姐弟两人，就为他们解释现场的情况。

“你们看，车子后挡风玻璃有破洞，可能是当时追出来的警员开枪击中的。”接着，她用镊子从驾驶座底下夹起一枚弹头，“这枚弹头确实是警用枪的子弹，不过车子里和弹头上都没有找到血迹，不知道是否击中犯人。我现在必须做个简单的实验。”

明安问道：“车牌号码吻合，不就证明犯人确实开了这辆车吗？有必要知道他是否中弹吗？”

张倩用一支棉花棒在弹头上擦拭了一圈，一边工作，一边解释：“如果犯人中枪，那他很可能是失血过多，体力不支，只好弃车逃逸，我们就会通知附近的医院，注意枪伤求诊的患者。如果犯人没有中枪，那他在这里弃车，可能是附近有接应的人，或是藏匿地点就在附近。总之，若能知道犯人是否中枪，会使追捕方向更加精确。”

接着，她将一种淡黄色的液体滴在棉花上，再滴入一种无色液体，却没有发生任何变化。张倩叹了一口气说：“子弹上没有血迹，可见只打中车子，没有打中犯人。”明雪对张倩用来检验的药品比较有兴趣：“阿姨，请问这种淡黄色的药品是什么？”

张倩愣了一下，说：“这是酚酞，你应该很熟呀！”

明雪露出不可思议的表情：“酚酞？课本上说，它在酸性溶液里呈无色，碱性溶液中呈红色，我从来没看过淡黄色的。”

张倩笑了笑：“哦，对啦，准确来说，这应该叫‘还原酚酞’。它是普通的酚酞在沸腾的碱性溶液中，与锌粉反应生成的。酚酞被锌还原之后，就变成黄色的还原态。”

明雪拿起另一瓶无色溶液，发现瓶上写的是“过氧化氢”，也就是一般人所说的“双氧水”。她的脑筋转呀转，企图解释这两种药品能检验血迹的原理。

“我猜，血液里的血红素作用就像过氧化氢酶，会催

化双氧水变成水的反应。双氧水在这个反应过程中，会抢走还原酚酞的电子，使它变回普通的酚酞，因而呈红色……”正说得口沫横飞之际，手机响起，原来是妈妈催他们快到舅舅家会合。

于是她只能请求张倩让她带走药品：“阿姨，拜托，我第一次听到还原酚酞这东西，很感兴趣，可以让我把这瓶剩下的一点点带走吗？我想自己做实验，弄清楚它的性质。”

张倩很爽快地说：“这瓶只剩一点，你就带走吧！我实验室还有很多。”

明雪把还原酚酞装进手提袋，就跟弟弟一起乘地铁到舅舅家。

¤ ¤ ¤

爸妈、姨婆、舅舅和舅妈都在客厅聊天，舅妈看到他们姐弟俩就说：“快去找智凯玩，他在房间里睡觉，已经睡两小时了，把他叫醒没关系。”

但是当他们俩走进表弟的房间时，却看到他正趴在床边呕吐。

明雪急忙扶起他问："智凯，不舒服吗？"

智凯脸色苍白，泪流满面，痛苦地点点头。明安赶忙跑到客厅去叫大人。

一群大人冲进房间，七嘴八舌地问智凯，但是他只会一直说自己难受，接着又吐了一次。

妈妈问舅妈："他是不是吃到不新鲜的东西呢？"

舅妈慌张地说："没有啊！他快两岁了，这个月开始，都跟我们吃一样的东西。今天中午吃蛋炒饭，大家都没事，怎么可能只有他有事？"

"不然，是吃到什么了呢？"大家百思不解。

这时，姨婆想起来了："他进房间睡觉后半小时，我进来看看他有没有盖被子，结果发现他正在嚼东西，手里抓着我装铁剂的药瓶。我把药瓶抢下来，问他有没有吃里面的药，他也说不清楚……该不会是吃了铁剂吧？"

"铁剂？你没数数看药丸有没有减少？"舅舅焦急

地问。

“我也搞不清楚。医生开铁剂给我，说是要补血的，可是我常常忘了吃，大概只吃了两三颗而已……如果真的是智凯吃的，那大概少了十颗。但那不是补品吗？吃了应该没关系吧……”姨婆慌忙解释。

妈妈问爸爸：“铁剂到底有没有毒？”

爸爸拿起药瓶上的标示看了看，摇摇头说：“这是硫酸亚铁，毒性不强，不过如果两岁以下的孩子吞食大量铁剂，会对脑及肝造成伤害，有致死的案例，非常危险。”

“啊？那怎么办？”大家一听有致死案例，全慌了手脚。

“别紧张，智凯到底是不是吃下铁剂，还不确定呢！”爸爸安慰众人。

明雪蹲下去，观察地上的呕吐物，发现呈现褐色。她有一种不祥的预感，便向舅舅说：“请帮我准备棉花棒和双氧水。”

明安愣了一下，说：“难道你怀疑他吐血？”

明雪点点头：“有可能，而且就算不是血，也可以看看是不是含铁。”

舅舅不敢怠慢，立刻从家里的急救箱取来棉花棒及双氧水。

明雪模仿张倩刚才的做法，先用棉花棒在呕吐物里沾一下，然后从手提袋里取出那瓶淡黄色的还原酚酞，滴了两三滴溶液在棉花上，接着又滴入双氧水，棉花立刻呈现红色。

爸爸一看就说：“呕吐物里有血！我去开车，快点送医院急诊室。”

舅舅和舅妈慌张地抱起智凯，搭爸爸的车前往医院，妈妈和明雪、明安则留在舅舅家，安慰自责不已的姨婆。

两小时后，爸爸由医院回来，说智凯经急救后，已经比较稳定，但需住院治疗。明雪一家人这才告别姨婆，回到自己的家。

¤ ¤ ¤

第二天上午，电视新闻播出越狱犯人已经被捕的消息，但是明雪一家人最放心不下的是智凯，于是又赶到医院探望。他的脸色已经没那么苍白了，但仍然抱怨难受，虚弱地躺在病床上。

这时，主治大夫正好来查房，他对舅妈说："幸好你们正确判断出病人是吞食了大量硫酸亚铁，我们才能在第一时间用碳酸氢钠洗胃，冲洗出许多带血丝的黏液，接着每四小时让病人服用一次金属螯合剂，帮助金属排出体外。小弟弟恢复得很好，可能今天晚上就可以停止用药，接下来仍要住院观察几天，确定康复后，才可以出院。"

舅妈指着明雪说："多亏他表姐懂化学，检验出他的呕吐物里有血，我们才赶紧送医。"

医生感兴趣地问："哦？你在家里怎么检验？"

明雪便把昨天因缘际会取得还原酚酞，再配合家中急救箱里的双氧水，进行检验的过程说了一下。医生听了之后，笑着说："没错，我们医学上也会使用这种方法。例如病人今天早上第一次排出的粪便，我们也用同样的方法检验，发现仍然有血。"

明雪解释："其实我当时只想知道，他是不是吞食了硫酸亚铁。因为含铁的物质，例如血红素或过氧化氢酶，大多会催化双氧水变成水的反应，所以无论他吐出来的是铁还是血，应该都会使双氧水变成水。在这个反应过程中，双氧水需要抢两个电子，一定会使还原酚酞变色。"

医生在一旁不停点头称赞："嗯，你的想法真的很正确，小表弟也因此获救啦！"

科学小百科

刑事鉴识上，用来检验血迹的方法很多，除了电影里常用鲁米诺外，本文介绍的还原酚酞法，也是常用方法之一，称为卡 - 麦二氏试验法（Kastle-Meyer）。

还原酚酞的配制方法，是将酚酞放置在沸腾的碱性水溶液中，这时酚酞呈红色。在这个溶液中加入锌粉，锌粉作为还原剂，会使酚酞变为淡黄色的还原态。

卡 - 麦二氏试验法能检验血迹，主要是利用血红素中含有亚铁离子，与过氧化氢酶一样，可以催化过氧化氢变成水的反应：过氧化氢抢走还原酚酞的两个电子，使还原酚酞变成酚酞，而呈红色。

这个检验法很灵敏，即使样本中血液只占一千万分之一，也可以检验出来。

我喜欢看侦探故事书，但是对化学还不太懂，看到《学化学来破案》这本书，先翻了几页，就被吸引住了。原来并不需要学习多高深的化学知识就能看得懂，从有趣的生活故事中就能学到这么多的化学知识，真是太好了，我以后再也不怕学化学了。其中有个故事叫《当局者“醚”》太吸引我了，因为我也很想解剖青蛙，所以我就想看看他们是怎么做的。原来他们是先用麻醉药——乙醚，让青蛙昏迷，这样可以使青蛙不疼。另外，乙醚还可以麻醉人。书中的高中生因为了解这个知识，还帮警察抓住了装神弄鬼的坏人，真是太神奇了。我也想有这样的化学老师，也想好好学习化学。

还有个故事叫《焰色反应》，我知道了某些金属离子在燃烧时会出现不同颜色，这就是焰色反应，原来五颜六色的烟花就是根据焰色反应的原理做成的。我还很喜欢书中的主人公，能用化学知识破案，太神奇了。所以如果长大以后想当侦探，一定先要学好化学哦！

河南省巩义市子美外国语小学四年级　康淩璧

《学化学来破案》这套书让我发现，原来化学一点儿也不难，生活中的许多现象都是化学，让我从这些有趣的侦探故事中初步认识并爱上了化学课。这套书里的每一个人物都性格分明，有自己的特点，每一个故事都那么引人入胜，让人身临其境。这些故事中，最让我印象深刻的是《酒不醉人》，通过描写明雪如何品尝红酒，引出“神秘果”，最后与醉酒撞车案相联系而破案。总而言之，机智勇敢的明雪，聪明却懵懂的明安，负责任的李雄警官，都是我学习的榜样，相信我以后一定会学好化学课的。

湖南省长沙市岳麓区实验小学五年级　向　珂

化学是什么？它一直给我一种很神秘、很厉害、很难懂的感觉。小时候，我也曾经跟着兴趣班的老师做过跟化学有关的实验。教室前面的大台子上摆着大大小小的瓶瓶罐罐，老师说它们叫试管和烧杯，还有一些叫酒精灯和坩埚。老师像变魔术一样，把这里面的水加到那个里面去，或者再往那个里面加一些粉末，然后瓶子里面发生了奇妙的变化，或者颜色变了，或者连续不停地往外喷泡沫。好有趣啊！好神奇啊！好厉害啊！但是它跟我有什么关系呢？化学就像隔离在我的生活之外的东西一样，很神秘，让人不明就里，而且离我很远，仿佛很难。

但是，《学化学来破案》让我改变了对化学的看法。原来，我们生活在一个充满化学的世界，生活中化学无处不在，吃的、穿的、用的、玩的，都离不开化学。热敏纸打印出文字的原理，如何让铁皮上磨掉的字迹重新显现，警察又是怎样鉴定遗嘱的真伪，这些有意思的故事都是化学知识，这些可能被讲得很深奥的化学知识都变成了故事。一个个描写生动、扣人心弦的故事就这样不动声色地把化学介绍给了我。这本书为我打开了一个崭新而且奇妙的世界，它等着我去探索。我今年刚刚上初一，化学是初三才开设的课程，好期待啊！

北京市海淀区教师进修学校附属实验学校初中一年级　陈信雅

我提前看了《学化学来破案》，对里面的一个故事《不可磨灭》印象深刻。讲的是小学生明安跟着科学旅行团去深山参观水库时迷路了，他成功穿越树林，向人寻求帮助时，倒霉地碰上两个盗贼。机智勇敢的明安在被盗贼用汽车带走之前留下了几个线索，正是这些线索让一路焦急寻找他的家人和警察们快速破案，成功地解救了他。

这个故事情节曲折，也让我思考：在野外迷路了怎么办？怎么鉴别陌生人是好人还是坏人？怎样迷惑坏人，顺利脱身？如果不幸被坏人绑架了，怎样留下有效线索？

我觉得最神奇的是，磁铁和磁场本来是大自然的产物和现象，居然还能和生活息息相关，被警察用来破案！比如，明安用铁钉在铁皮墙上刻下盗贼的汽车车牌号，不幸被发现了，盗贼们用砂纸把记号磨掉了，没想到聪明的警察居然能用磁束探伤法让这些记号快速显现出来。

磁力线到底是怎么回事？磁束探伤法的原理是什么？怎样找出铁制机械或铁管的裂缝？怎样让铁墙上被砂纸磨掉的车牌号重新呈现？等你认真读完这个故事，就会明白啦！

北京市第二十二中学初中一年级　黄馨瑶

别墅里的枪声从哪儿来的？整面的玻璃墙是被子弹打爆的吗？失踪的女孩去了哪里？……这是《学化学来破案》里面的一篇故事，叫《怒气冲天》。不愧是侦探小说啊，故事一开始，情节就扑朔迷离，扣人心弦，让人紧张万分，勾起我强烈的好奇心，吸引我一口气读了下去。一直看到故事的结尾我才知道，原来根本不是人们想象的那样，这个案子的肇事者居然不是人，是干冰！原来，把干冰放进密封的塑料瓶里会发生爆炸，人带着干冰一起藏进柜子里会因缺氧而昏迷！由于干冰是固体二氧化碳，在常温下会瞬间变成气态，不仅会产生大量的二氧化碳，还会造成密封容器的压力突然增大。

我还没开始学化学，一直以为化学很难学，看完这本书我才发现，原来化学和生活息息相关，化学还可以这么有趣。我想，等明年开化学课了，我更有信心学好它了。

湖北省黄冈市外国语学校初中一年级　蒋艺轩

我是一名初二学生，还没有正式学化学，所以当妈妈给我拿来这本书的时候还满心抱怨。但是因为平时喜欢侦探类的小说，周末忙里偷闲试着翻了翻竟然一口气读完了。开始我只是沉浸在故事本身，情节跌宕起伏，有时在我认为结局已定的时候故事又来个峰回路转。当然不管犯罪分子如何充满心机，最终都没能逃脱明雪的慧眼，落入法网。但后来我读到《黑心漂白》，想到家里妈妈有时也用漂白剂，新奇之下仔细阅读了“科学小百科”部分，惊喜地发现故事里原来暗藏着这么多科学道理，并且和生活关系如此密切。之后我还很郑重地提醒妈妈千万不要把漂白剂和其他清洁剂混在一起使用，俨然一个小管家的样子。另外我不得不说“科学小百科”哪里只有化学知识，像酒精检测、血液检测明明还渗透着生物和物理小知识嘞！

北京市上地实验学校初中二年级　卓明昊

我看了《学化学来破案》的几篇小故事，其中有一个故事叫《纸上魔术》，看到这个名字时我大概猜了下故事的套路。纸上魔术，多半是在原来的白纸或其他纸上变出来什么东西。这种简单的小魔术、小实验在各种书籍、动画中挺常见的。的确，文章刚开头就提到了一种在生活中很常见的纸张——热敏纸，比如传真纸、超市购物单都是此类纸，然后讲了热敏纸为什么会出现字迹的知识。按道理来讲，看到大人长篇大论地讲大道理，孩子并不会喜欢，但它偏偏又用了一个好的开头，会从孩子的角度导出疑问，引用一些简单的小实验来回答、解释热敏纸出现字迹的原因，案件讲得很生动、很真实，偶尔也有点简单粗暴，但是也可以理解，这毕竟不是讲名侦探，而是对化学知识的科普，提高小朋友对学习化学的兴趣，我觉得这就很好了，值得一看。

湖南省宁乡市碧桂园学校初中二年级　邓杨喆

我一口气看完了《学化学来破案》，对于我这个已经学过化学的初三学生来说还是受益匪浅的。书中有很多关于化学破案的知识，有些是我学过的，比如《口水之战》，知道二氧化碳可让淀粉溶液变混浊。但是却不知道，原来一点点口水就能检测出人的DNA，从而找出罪犯。比如《飞来一笔》，知道原来从一个字就能用化学检测出是否使用了不同的墨水，从而查出遗嘱是否被修改过。陈伟民老师真是写故事的高手，能把这么多的化学知识，甚至物理知识、生物知识融入一个个小故事中，让我看一遍就能记忆深刻，比在课堂上学到的知识更容易记得住，而且还能在生活中发现，原来这些也是化学知识的应用呢！真希望能把作者请到我们学校当化学老师啊，这样我的化学成绩肯定会突飞猛进的！

北京市育英学校初中三年级　魏禹谋

制作密码轮盘

操作步骤

1. 剪下密码轮盘1和密码轮盘2的两个圆。

2. 将两个圆对齐，有字母的圆放在下面，空白圆放在上面，剪掉上面的两个小窗户。

3. 用钢笔在两圆中间戳个洞，插一张卷起来的细纸筒，两边打结固定，形成能自由转动的两个轮盘。

4. 编码时，转动上方的轮盘，直到它显示出你所需要的字母，然后看另一边的窗口，记下显示的字母。照此方法，完成所有编码。

5. 如果想让同伴解密你的密码信，再照此方法制作一个一模一样的密码轮盘，让他在下面的窗户里转出你所写的字母，那么在上面窗户里显示出来的就是你所加密的字母了。

6. 比如你们约定“明天见”（see you tomorrow），写出来的密码是什么呢？试试看吧，制作一封密码信。